零基础 学养殖

轻松学养鹅

鹅养殖入门，看这本就够了！

王永强 主编

中国农业科学技术出版社

图书在版编目（CIP）数据

轻松学养鹅 / 王永强主编 .—北京：中国农业科学技术
出版社，2015.1
　ISBN 978-7-5116-1661-6

　Ⅰ.①轻…　Ⅱ.①王…　Ⅲ.①鹅 – 饲养管理
Ⅳ.① S835

中国版本图书馆 CIP 数据核字（2014）第 113695 号

责任编辑　张国锋
责任校对　贾晓红

出 版 者　中国农业科学技术出版社
　　　　　北京市中关村南大街 12 号　邮编：100081
电　　话　（010）82106636（编辑室）（010）82109702（发行部）
　　　　　（010）82109709（读者服务部）
传　　真　（010）82106631
网　　址　http://www.castp.cn
经 销 者　各地新华书店
印 刷 者　北京富泰印刷有限责任公司
开　　本　880mm×1 230mm　1 /32
印　　张　7.125
字　　数　210 千字
版　　次　2015 年 1 月第 1 版　2016 年 7 月第 2 次印刷
定　　价　25.00 元

编写人员名单

主　　编　王永强

副 主 编　闫益波　许辉堂

其他参编人员（以姓氏笔画为序）

王永彬　冯长松　刘长忠

孙焕林　苏红恩　李一卓

李连任　何　燕　宋玲玲

张　伟　陈俊杰　聂存喜

高素敏　陶广亮　韩庆功

前　言

　　养鹅在中国已经有 3000 多年的悠久历史，并形成了今天中国特有的 20 多个不同用途的优良鹅种，但是，我国养鹅业从家庭副业步入畜牧产业的时间远远晚于猪、牛、羊、鸡。近年来，养鹅生产的增长速度明显高于其他家禽的同期增长水平，养鹅产业已成为我国最具活力的新兴畜牧产业之一。

　　进入 21 世纪以来，鹅产品营养知识得到大力宣传，消费者逐渐认识到鹅肉是具有"高蛋白、高赖氨酸、高不饱和脂肪酸、高消化率、低脂肪、低胆固醇"特性的营养健康食品，对人体健康十分有利。中医理论认为鹅肉味甘平，有补阴益气、暖胃开津、和胃止渴、止咳化痰、祛风湿、防衰老之功效，是中医食疗的上品，特别适宜于身体虚弱、乏力气短、食欲不振、气血不足、营养不良之人食用。除鹅肉外，鹅蛋、鹅肝、鹅血等也具有极高的营养价值，鹅绒是重要的轻工产品，可以制作高质量的羽绒制品。随着消费者对鹅产品的认识，鹅产品消费需求增长强劲，市场潜力巨大，养殖效益良好。在此背景下，众多农民朋友加入了养鹅的行列，国家也将发展养鹅业作为农民脱贫致富的好项目加以引导和扶持。目前，从事养鹅的农民朋友文化程度相对较低，学习和掌握鹅养殖技术能力差，严重制约了养殖效益的提高。当下，市面上关于养鹅的书籍较多，但多生涩难懂，缺乏针对初学养鹅的农民朋友学习的养鹅技术教科书。为此，我们编写了《轻松学养鹅》这本书，该书语言简洁、通俗易懂、图文并茂，以期使读者能够"一看就懂、一学就会"，在轻松学习中掌握养鹅技术，增加农民养殖致富的途径。

本书将轻松学养鹅的原则贯穿始末，从养鹅入门需要了解的信息和条件，鹅的生物学特性，到鹅生产需要的场舍建设、品种选择、饲料营养、饲养管理和疫病防治及鹅产品加工等方面的知识与技术进行了较系统的介绍。本书参考了多年来国内外养鹅研究领域的相关报道和研究成果，同时借鉴了国内部分养鹅场生产管理的实践经验，充分考虑了养鹅从业人员的技术需求，既有利于指导初入养鹅从业者建场及生产管理，也有利于提升已从事养鹅者的实际操作及管理水平。

参加本书编著的人员，虽多是直接从事养鹅业相关科研、开发、生产和管理一线的科技工作者，但由于参编人员多，时间短，水平有限，书中仍难免有遗漏和错误，望广大读者提出宝贵意见。

编　者
2014 年 6 月

目　录

目录

第一章

中国养鹅业概述

第一节　中国养鹅业的现状及存在问题分析

一、中国养鹅业的现状

（一）养鹅生产规模稳步扩大

我国有 3000 多年的养鹅历史，有 20 多个不同用途的优良鹅种。我国是世界上养鹅最多的国家，目前，鹅存栏量、屠宰量、鹅肉产量、鹅蛋产量等均居世界首位。据联合国世界粮食及农业组织统计数据：2012 年我国鹅存栏 3.62 亿只，占世界鹅存栏的 88.91%，比2011 年增长 1.47%；出栏 5.94 亿只，占世界鹅出栏的 93.49%，比2011 年增长 2.23%；鹅肉产量 266.14 万吨，占世界鹅肉产量的94.21%，比 2011 年增长 2.86%。

（二）产业化龙头企业发展迅速

近年来，随着农业产业结构的调整，不少地区利用自身资源优势，大力发展养鹅业。以养鹅基地为平台，以大企业、大型超市和交易市场为龙头的产业化模式不断出现，延长了鹅的产业链，提高了产业化程度和规模化水平。同时，企业多以鹅的育种、饲养、屠宰加工、销售等形式进行生产经营，产品在国内外市场得到大力拓展，有

1

效解决了鹅业发展中的养殖、屠宰加工、销售等诸多问题，减少了养殖风险，也成为提高农民收入的重要途径之一。以"龙头企业＋基地＋养殖户"的模式进行鹅的产业化成为发展趋势。

（三）消费市场潜力巨大

中国不仅是养鹅生产大国，也是鹅产品消费大国。鹅肉产品国内市场有着巨大的消费潜力，尤其是我国南方长期以来有食鹅的习惯和传统的烹饪方法，并且已经形成比较著名的产品，如：南京盐水鹅、广东烤鹅、江苏糟鹅、宁波冻鹅，还有具有潮州菜式的"香芋扣鹅片""梅子甑鹅"等都是餐桌上的美味佳肴，也是出口的好产品。此外，鹅肫、鹅蹼及鹅肠经加工后更是别有风味，其需求量逐步扩大。

近年来，鹅肥肝的生产消费增幅较大，预计随着国内外市场的需求增长，中国将继法国之后成为鹅肥肝生产和消费的新兴大国。鹅肥肝被誉为世界三大美味之一，肥肝中脂肪含量高达60%，其中不饱和脂肪酸含量占60%~68%，容易消化吸收。研究表明，鹅肥肝中的卵磷脂比正常肥肝高4倍。因此，鹅肥肝具有很高的经济价值。

除做美味佳肴外，鹅羽毛和羽绒也是我国出口创汇的传统优势产品。鹅的羽毛长而韧，既可做为装饰品，又可作成羽毛扇、毽子、羽毛球等制品，畅销海内外。鹅羽绒比鸭羽绒更柔软、保暖性更强且气味等级好，因而鹅羽绒及制品深受广大消费者的喜爱，其价格也高于鸭羽绒及制品。鹅的羽绒常用于制作高档羽绒服、羽绒裤、羽绒被、羽绒靠枕等。

二、中国养鹅业存在的问题

（一）品种虽多，但质量不高

虽然我国具有丰富的鹅种资源，现已摸清的有20多个地方良种，但各地方品种间的生产性能存在较大差异，群体整齐度差，加上农村养鹅长期依赖自然交配，鹅的品种长期得不到提纯与复壮，导致生长发育慢，饲料转化率低，不能满足规模化、产业化生产的需要。

由于优良鹅种的供种能力不足，影响了养鹅生产的经济效益。

（二）疾病防控有待加强

我国虽然是鹅的生产大国，但并非强国。近年来我国鹅饲养量虽逐年增长，规模化、产业化经营水平快速提高，但疫病危害一直是阻碍养鹅业发展的重要问题。鹅疫病的研究和防控体系还不完善；饲养方式仍然落后、粗放，饲养条件简陋；同一水域可能承载多个来源不同的鹅群，极易感染各种疾病，致使疫病的防控难度增大，一旦发病，传播较快，防治困难，损失惨重。

（三）饲养方式相对落后

长期以来，作为家庭副业，养鹅业规模不大、饲养管理粗放，小群放牧为主，规模舍养较少，加之饲养人员文化素质较低，对有关鹅的营养、饲养、疫病防治等技术掌握不多，信息不畅，不讲究客观事实，有利就蜂拥而上，生产带有一定的盲目性，短期行为较明显，不利于疫病防控，且产品质量没有保证。

（四）研发水平较低

目前养鹅的研究工作还处在初始阶段，鹅专用生物制品的开发速度跟不上产业发展的需求，科研经费投入不足，保种育种工作举步维艰。由于保种的种鹅产蛋少，耗料多，往往农家及鹅场都不愿保种及养种鹅，管理部门对鹅的良繁工程建设等投入不够，不少养鹅场大量使用商品鹅留种，致使生产水平达不到产品标准，严重制约鹅产业化发展。

（五）鹅产品的深加工相对滞后

当前，我国鹅产品深加工的小企业较多，规模普遍较小，屠宰加工工艺技术和设备相对滞后，加工产品雷同，效率偏低。高温制品多，低温制品少；整只加工多，分割产品少；初加工产品多，深精产品少；国内消费多，出口少；产品附加值不高，市场开拓能力不强，

遏制了产业化发展。

（六）网络服务体系不健全

现在国内养鹅 70% 以上是小型饲养，全国的鹅市场信息体系尚未建成，难以预测市场供求关系、生产成本和效益。市场信息能够帮助养殖户了解市场前景、价格变动趋势、产品需求等，便于养殖者做出决策，减少风险，避免盲目生产，因此，建立健全鹅业市场信息服务体系势在必行。

（七）生产销售局部化

中国适宜鹅生产的地域广阔，但实际上生产又相对集中，即使在一个鹅生产的大省，其生产布局也极不平衡，鹅产业在家禽业中的地位，远未上升到应有的位置。鹅产品的消费更是区域化，主要集中在江浙两广一带，传统习惯仍占主要因素，鹅产品的优点远未被全国消费者认识。

（八）发展认识局限化

行业中绝大多数企业的投资动力基本一致，即仅仅看到了鹅肥肝带来的丰厚利润，以及鹅绒带来的传统效益，把鹅肥肝生产作为企业发展的首要目标，忽视了其他产品的研发和市场拓展，形成了高端产品出口和初级原料供应两大市场反差。因此，当企业在鹅肥肝生产中遇到问题，或出口不稳定时，企业的效益便急剧波动，让企业发展产生困惑，进退两难。

（九）品牌营销缺乏前瞻性

由于对鹅产业发展的终极目标认识不足，而导致在品牌建设上采取权宜之计。绝大多数品牌只是地名、人名、企业名称的简单投影，不能体现产品内涵和企业文化，在跨行业，跨地域发展时张力不足，品牌传播缺乏后劲。

第二节　中国养鹅业的未来发展展望

一、加强鹅的安全生产，生产绿色健康产品

鹅安全生产是指生产环境、生产过程、产品质量符合国家有关标准和规范要求的鹅生产过程，按照生态学、动物学和经济学原理，应用系统工程方法，因地制宜地规划、设计、组织、调整和管理鹅生产，以保持和改善生态环境质量，维持生态平衡，提高产品品质，保持鹅养殖业协调、健康、可持续发展的生产模式。

鹅产品竞争的核心是质量竞争，且国家对动物产品安全监管严格，这些都要求鹅生产的经营实体更加注重鹅产品的品质和安全，生产绿色健康产品。为此，养殖企业（户）会以鹅安全生产为契机，迎合消费者的饮食文化为经营方向，大力发展绿色健康鹅产品，在业内建立起一种新的鹅产品生产理念，使鹅产品结构更加完善，从而在发展无污染的优质营养类鹅产品的同时，也有利于企业、行业、社会的多元发展。

二、注重环境保护，建立自然生态循环养殖系统

（一）传统养殖模式的弊端

鹅传统的分散养殖，圈舍简陋，饲养环境恶劣。养殖污水未经处理，直接外排，严重污染环境；粪便直接堆放在路边，对周边环境及居民造成了极大的影响。鹅养殖户只注重对养殖圈舍的消毒工作，而对这些造成污染的地方很少顾及，造成病原菌长期存在，使得鹅疫病得不到根本的解决。在牧区，草场严重退化，许多地区盲目地只顾发展养鹅数量，掠夺式地利用天然草原，对草原重用轻养，放牧过度，长期超载，加上滥垦、乱挖和鼠、虫害的严重破坏，使天然草地的退

化、沙化、盐渍化严重。草地退化也严重制约我国鹅养殖业的健康发展。

鹅传统的家庭分散式养殖大大增加了防疫工作量及防疫时间，浪费大量的人力、物力、财力，影响防疫工作效率。农村鹅散养户中，由于养殖环境较差，病原菌长期存在，威胁着鹅的健康，一些养殖户在饲料中添加抗生素类药物作为饲料添加剂，有的甚至添加氯霉素、呋喃类等违禁药物。长期大量使用抗生素，会降低机体的免疫功能，造成机体消化机能紊乱和细菌产生耐药性。

（二）鹅自然生态循环养殖系统的构建

鹅自然生态循环养殖系统把种植、鹅养殖、安全防控合理地安排在一个系统的不同空间，既增加了生物种群和个体的数目，又充分利用了土地、水分、热量等自然资源，有利于保持生态平衡。通过植物栽培、鹅饲养、牧场有机组合，充分利用了可再生资源，变废为宝，为土壤保持与改良、农业可持续发展提供了新思路。在实施过程中应尽量减少鹅对外部物质的依赖，强调系统内部营养物质的循环，通过把农业生产系统中的各种有机废弃物重新投入到系统内的营养物质循环，把鹅、植物、牧场和人联结为一个相互关联的系统。利用沼气池发酵技术建设鹅生态养殖小区，使养殖与环保相结合，避免了先污染后治理的老路，有利于保护农村的生态环境，使鹅养殖业能够协调、健康和可持续发展。建立集中养殖、分散经营的生态养鹅小区，畜牧兽医主管部门可以定期进行鹅养殖新技术的宣传和推广工作，帮助广大鹅养殖户建立合理的疫病防疫程序，进行鹅改良品种的推广工作。建立生态养殖小区，应备有专门的隔离圈，引进的鹅在隔离驱虫并确认健康后方可进入养殖小区，会大大降低外来疾病传染的危险。

建设标准化的鹅生态养殖小区，发展新型鹅自然生态循环养殖系统是现代鹅业发展的必然趋势。鹅自然生态循环养殖系统的构建离不开当地政府的引导与规划。生态养殖小区建设要由当地政府统一规划，本着科学发展的原则，地址选择应在居民点的下风向，地势较高且干燥，土质透气透水性好，方向朝阳，远离交通要道和居民区。养

殖圈舍统一建设，便于管理。在管理上应防止各养殖户各自为政，出现与整体规划不协调的现象。养殖投资可以采取租赁给养殖户的方式收回。一个养殖小区建好之后应该配备一些人员专门从事公共区域的卫生消毒工作和公共设施的运转工作。

（三）鹅自然生态循环养殖系统

1. 田间鹅自然生态循环养殖系统

南方地区水稻种植面积大，在秋季水稻快成熟时，养殖户开始鹅的育雏，秋收后放养于稻田该模式的优点是：①投资少、简便、省事，一般农用闲居房屋皆可；②充分利用自然资源，水稻收割后，掉落的稻穗和未成熟的稻粒及各种草籽，还有稻田内的虫子、虫卵等都是鹅的好饲料；③减少作物来年病虫害；④鹅粪尿可以直接肥田，减少化肥造成的环境污染；⑤提高了鹅肉风味，适应了市场需求。近年来，不少鹅养殖户采用大田移地转场放养，即在某个地方放养一段时间，再转移到另一个地方去放养，其好处是减少环境中病原的含量，防止交叉感染，减少疾病的发生和传播；同时通过移地转场，老场地也能及时得到自然净化或疾病防控处理。

2. 山地鹅自然生态循环养殖系统

山地鹅自然生态循环养殖系统在多山或地貌复杂地带应用较多，一般有荒山坡果园和河滩果园两种。此种方式鹅饲养规模一般1 000~2 000只，其优点是：①果农以果木为主，以鹅养殖为辅，规模小，投资少，风险小；②鹅可食用草籽及有害虫子及虫卵以节约饲料；③鹅粪尿可肥园，既减少了投资又保护了环境；④商品鹅运动多，体质好，肉质鲜嫩，味道鲜美。在山区丘陵地带，成片林地多，将鹅养在成片林地中，利用鹅采食林地的杂草、昆虫，同时，辅以适量的玉米和稻谷等粮食。一般采取轮牧方式，一块林地的杂草被鹅采食完后再轮转至另一处，休闲一段时间待新鲜杂草生长到一定高度后，再次利用，可有效利用资源并能防止疫病传播。

3. 鹅－沼－果自然生态循环养殖系统

鹅－沼－果自然生态循环养殖系统饲养的鹅日增重和饲料利用

率都较高，这是由于鹅可及时利用果园青绿多汁饲料，补充动物所需的维生素和矿物质。果园的鹅可采食虫、草，营养来源比庭院饲养的鹅更丰富，同时果园环境空气清新，适于鹅的生产，使其生产潜力得以充分发挥。有的养鹅场采取以"养鹅场＋粪便处理生态系统＋废水净化处理生态系统＋耕地还原系统"的人工生态循环养殖系统。粪便固液分离，固体部分沼气发酵，建造适度的沼气发酵塔和沼气贮气塔以及配套发电设施，合理利用沼气发电。发酵后的沼渣可以改良土壤品质，保持土壤的组成结构，使种植的瓜、菜、果、草等产量颇丰，池塘水生莲藕、鱼产量大，田间散养的鹅风味鲜美。利用废水净化处理生态系统，将养鹅场的废水及尿水集中控制起来，进行土地外流灌溉净化，使废水变成清水循环利用，从而达到养鹅场的最大产出。这样的绿色生态系统，改善周围的环境，减少人鹅共患病的发生，保持了环境无污染、无公害，处于生态平衡中，这种循环经济有利于养鹅业的健康、可持续发展。

4. 生态园区鹅自然生态循环养殖系统

生态园区是值得推广的一个人造的大自然生态群落。生态园区内山水林鸟、动物、植物和微生物应有尽有。

生态园内的鹅养殖是一种立体养殖，这种养殖模式的优点是：① 可供人们旅游、观光、娱乐、休闲，享受高山流水、闲云野鹤式的田园风光；②为科研提供实习基地，有利于探索更先进的鹅养殖理念；③科学利用荒山，绿化、美化环境，创造独特的人文景观；④生态园区内由于养殖种类多，投资大，可吸引一批高素质的专业技术人员和科研人员，由他们提供技术服务，更有利于疫病控制和科学管理；⑤生态园虽然投资较大，但由于经营种类和项目多，且都是一环套一环，既充分利用了自然资源又节约了成本，更有利于宏观调控，市场风险较小。

第二章

鹅的生物学特性

第一节　鹅的外貌特征及解剖结构

一、鹅的外貌特征

鹅从外部形态主要分为头、颈、体躯、翼、尾、腿以及皮肤与羽毛等（图 2-1）。

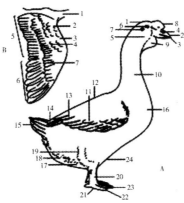

图 2-1　鹅的外貌结构

A：1—头；2—喙；3—喙豆；4—鼻孔；5—脸；6—眼；7—耳；8—头瘤；9—咽袋；10—颈；11—翼；12—背；13—臀；14—覆尾羽；15—尾羽；16—胸；17—腹；18—羽绒；19—腿；20—胫；21—趾；22—爪；23—蹼；24—腹褶

B：1—肩；2—翼前；3—翼肩；4—覆副翼羽；5—副翼羽；6—主翼羽；7—覆主翼羽

（一）头部

鹅的头部主要由脸、眼、耳、喙等部分组成（图2-2），其特征是前额高大，头部的形状依品种而异。鹅头一般覆盖有细小的羽毛，公鹅的头部比母鹅大。鹅喙扁平，较宽，橘色或黑色，由表面覆盖有蜡膜的角质组成上下颌，喙边缘有许多横脊，在水中采食时便于将水滤出，并把食物压碎。由于我国大部分鹅种由鸿雁驯化而来，所以，在喙的前额部长有半圆形肉瘤，公鹅的较母鹅大。此外，我国有些品种如狮头鹅其咽喉部的皮肤形成松弛下垂的袋状结构，称之为咽袋（图2-3）。鹅的眼和耳是视觉和听觉器官，与其他家禽相比，其视觉与听觉较为发达和灵敏，反应机警，在民间鹅可以看家护院。

图2-2 鹅的头部

图2-3 狮头鹅的咽袋

（二）颈部

鹅的颈部与其他家禽相比较长，弯曲，由17~18个颈椎组成。一般来说，颈粗短的鹅易育肥，较易通过填饲获得鹅肥肝，肉用性能好；颈细长的鹅其产蛋性能较优。鹅颈转动伸缩自如，活动范围大，能促进鹅觅食、自卫、修饰羽毛等各种行为。

（三）体躯部

与其他家禽相比，鹅的体躯结实紧凑，长而宽，呈船形。体躯部的大小、长短、宽窄与鹅的品种、年龄、性别有关，影响鹅的产肉与生产性能。一般来说，大型鹅种如狮头鹅，其体躯硕大，骨骼发达粗壮，肉质纤维较粗；中小型鹅如浙东白鹅、太湖鹅，其体躯较小，结构紧凑，肉质纤维较细。体躯长而宽的鹅具有产肉、产羽、产绒多等优良性状；体躯背宽腹大的鹅具有产蛋性能高的性状。此外，有些鹅的腹部的皮肤由于皱褶较大、下垂，呈袋状的腹褶，母鹅在产蛋期腹褶明显增大，称为"蛋窝"。

（四）翼

翼又称翅膀（图2-4），其羽毛主要由主翼羽与副翼羽组成，主翼羽10根，副翼羽12~14根，在主、副翼羽之间有一根较短的轴羽。

图2-4　鹅的翼（翅膀）

（五）尾部

鹅的尾部呈短平状，其末端羽毛上翘，与其他雄性家禽不同，公鹅的尾部没有绚烂的雄性羽。与鹅的水栖生活相适应的是其尾部有发达的尾脂腺，能分泌脂肪、卵磷脂、高级醇和一些酶类物质，当鹅在梳理羽毛时，常用喙挤压尾脂腺，挤出油脂并用喙涂布于全身羽毛上。这样可保护羽绒保持弹性，光滑润泽，防止被水浸湿以及抑制微生物生长的作用。

（六）腿部

鹅腿由大腿、小腿、胫和蹼构成，粗壮有力，是支撑肌体的支柱。鹅的腿稍偏后躯，胫骨、大腿和小腿部分被体躯的羽毛覆盖；胫、趾部分的皮肤裸露，已角质化呈鳞片状，趾端的角质叫爪。鹅的胫和蹼

较大，两者颜色相同，有橘色和黑色两种。胫的长短和粗细与品种有关，是鉴别不同品种的重要特征之一，一般公鹅较长，母鹅较短。胫的下端生有4个趾，并有膜相连，故又叫蹼，依靠蹼可在水中生活。

（七）皮肤与羽毛

不同品种甚至不同个体的鹅其皮肤与羽毛的特性及颜色也不同，因此是区别品种及个体的重要外貌特征。

鹅的皮肤颜色一般有白、灰色、黄色等。与其他禽类皮肤类似，鹅的皮肤薄，由表皮、真皮和皮下组织组成，而位于体表裸露部位如喙、胫部等部位的皮肤表皮呈鳞片状，厚，其角质层发达。鹅的皮肤没有汗腺和皮脂腺，无法通过排汗蒸发而降低体温，所以，在炎热的夏季，鹅喜欢下水游泳，以散发体内的热量。此外，尾部尾根两侧有一对椭圆形的尾脂腺，可分泌油脂，使羽毛保持光滑，起到防水作用。鹅的皮肤营养和代谢状况，对羽绒生长发育关系极大，营养良好、代谢旺盛，羽绒生长发育就良好。鹅的皮肤与肌体健康状况有关，健康者皮肤略显湿润、柔软，有弹性；反之则显干燥、粗糙，无弹性。

从外表看，鹅的周身全由一种羽毛覆盖，而实际上由多种羽毛构成。按照羽毛结构的不同，可分为正羽、绒羽、纤羽、粉羽、半绒羽等（图2-5）。它们共同构成肌体表皮特有的构造，维护肌体的健康。

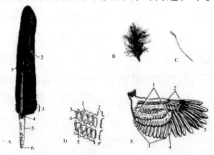

图2-5　羽毛结构和分类

A. 正羽，1—羽轴；2—羽片；3—绒羽部；4—上脐；5—羽根；6—下脐　B. 绒羽　C. 纤羽　D.下行羽小枝；1—羽枝；2—羽轴；3—小钩；4—上行羽小枝；5—下行羽小枝　E. 1—上次级大覆羽；2—上初级覆羽；3—次级飞羽；4—轴羽；5—次级飞羽

二、鹅的解剖结构

鹅的解剖结构由骨骼系统、肌肉系统、消化系统、呼吸系统、循环系统、泌尿系统、生殖系统等部分组成。

（一）骨骼系统

鹅骨骼具有鸟类骨骼的特征（图2-6），骨质致密，关节坚固，骨髓腔中含有空气并与呼吸系统及气囊相通，骨骼是支撑鹅躯体和附着肌肉的构架，起到保护支持作用，如肋骨、胸椎和胸骨构成胸廓，保护心、肺等重要器官。但雏鹅几乎所有的骨骼都具有骨髓。同时母鹅在繁殖期内，由于雌激素的刺激，从长骨的骨内膜处向骨髓腔突出相互交错的髓质骨为蛋壳形成提供现成的钙源，以满足母鹅的生理需要。鹅体骨骼依其所在部位，分为头骨、躯干骨和四肢骨。

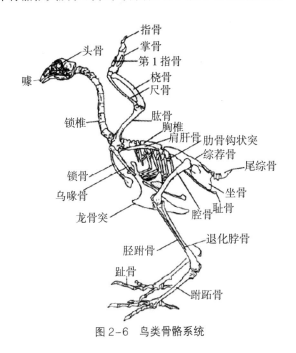

图2-6　鸟类骨骼系统

（二）肌肉系统

家禽肌肉较细，有红、白和中间型肌纤维。红肌纤维含有更多的肌红蛋白，肌红蛋白能与氧暂时结合，以及丰富的毛细血管，多呈暗红色，有利于较长时间的行走、游水和飞翔。红肌纤维收缩的持续时间长，幅度小，不易疲劳；白肌纤维的收缩快而有力，较易疲劳。鹅及其他水禽的肌肉以红肌为主。鹅的肌肉组织中胸肌和腿肌特别发达，约占全身肌肉总量的1/2，为可食肌肉的主要部分。

（三）消化系统

鹅的消化系统由口腔、咽、食管、胃、肠（小肠、盲肠、大肠）和泄殖腔组成，进行采食、消化、吸收营养和排泄（图2-7）。

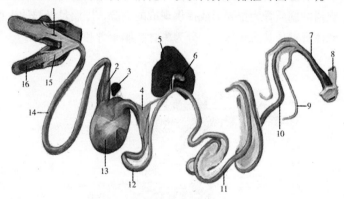

图2-7 鹅的消化系统

1—鼻后孔；2—腺胃；3—脾；4—胰腺；5—肝；6—胆囊；7—直肠；
8—阴道；9—盲肠；10—回肠；11—空肠；12—十二指肠；13—肌
胃；14—食道；15—喉；16—舌

（四）呼吸系统

呼吸系统由呼吸道、肺和气囊组成。鼻腔、喉、气管、鸣管和支气管等组成呼吸道。鹅通过呼吸系统气体交换，另外，因皮肤无汗腺，鹅可以通过呼吸道水分的蒸发散热。

（五）循环系统

鹅的循环系统包括血液、血液循环和淋巴循环。

（六）泌尿系统

鹅的泌尿系统主要由肾脏和输尿管组成，无膀胱和尿道。鹅肾比例较大，约占体重的1%，呈狭长形、褐红色，质软而脆。

（七）生殖系统

1. 母鹅

母鹅的生殖系统由卵巢和输卵管组成，左侧的发育完全，右侧退化。

（1）卵巢（图2-8） 卵巢位于左肾前叶的下方，借助卵巢系膜固定于腹腔顶壁，与输卵管相连，雏鹅卵巢小，乳白色。成年鹅卵巢呈串葡萄状。卵巢分为皮质部和髓质部，皮质部由外围结缔组织基质和内部大量不同发育阶段的各级卵泡构成，卵泡突出于表面，大小不等。排卵后的卵泡壁很快退化，无黄体形成。髓质部具有丰富的血管，提供卵泡

图2-8 母鹅的卵巢

发育的营养物质。到产蛋期，卵泡开始发育，逐渐积聚卵黄而增大，逐次成熟，排出卵泡（蛋黄），直径可达5厘米。此外，卵巢有合成和分泌性激素（如雌激素）等功能，以维持母鹅生殖系统的发育，并调节生殖功能。

（2）输卵管 鹅的输卵管呈长而弯曲状，连接卵巢泄殖腔，依形态和功能可分为5段：漏斗部、蛋白分泌部、峡部、子宫部和阴道部。漏斗部的输卵管伞将卵卷入输卵管中。漏斗颈可贮存精子，是受

精场所。蛋白分泌部是输卵管最曲最长的部分，内有大量的腺体，分泌蛋白和盐类，形成蛋清。峡部细而短，黏膜内的腺体分泌一部分蛋白和形成纤维性壳膜。子宫部是输卵管最膨大的部分，肌层较厚，黏膜内的腺体分泌物形成蛋壳。卵在子宫部停留时间最长。阴道部呈"S"形，开口于泄殖腔的左侧，它分泌的黏液形成蛋壳表面的保护膜，阴道肌层收缩时将蛋排出体外。

2.公鹅的生殖系统

公鹅的生殖系统由两侧的睾丸、附睾、输精管和阴茎组成。

（1）睾丸　呈椭圆形，性成熟时在精细管内形成精子。

（2）阴茎　游离部呈螺旋状，伸出长达 5 厘米以上。阴茎表面有一螺旋状的射精沟，勃起时边缘闭合而形成管状，可将精液输入母鹅生殖道内。

（八）神经系统

神经系统分为中枢神经系统和外周神经系统两大部分，中枢神经系统包括脊髓和脑。鹅的感觉器官有视觉器官和听觉器官。

第二节　鹅的生物学特性

一、鹅的消化特点

与其他水禽相比，鹅的消化和吸收作用有其自身特点。消化作用主要在相关消化酶的作用下将蛋白质、脂肪、碳水化合物等营养物质转变为能够被肠黏膜上皮所吸收的物质，然后进入血液送至全身。胃液对食物的作用主要在肌胃里进行，鹅的肌胃肌肉的收缩力约为鸡的两倍，同时，借助食入沙砾，能磨碎与消化粗纤维。因停留时间较长，鹅胃液连续分泌，其质和量则因年龄、饲养条件及饲料种类而有变化。鹅的肠还具有明显的逆蠕动，使食糜往返运行，能在肠内停留较长时间，以便更好地消化和吸收。小肠是吸收的主要部位，肠绒毛则积极参与吸收作用。鹅的肠绒毛中没有乳糜管（淋巴管），只有丰富的毛细血管，所以各种分解产物都被吸收入血液。这些血液首先通过肝门静脉送到肝脏，一方面对某些吸收的有毒物质进行解毒作用，另一方面将糖类和脂肪贮存于肝内。盲肠内栖居有微生物，能发酵分解纤维素，产生低级脂肪酸而被肠壁吸收。直肠短，主要吸收一些水分和盐类，形成粪便后送入泄殖腔，即排出体外，泄殖腔也有吸收少量水分的作用。

二、鹅的繁殖特点

与其他家禽相比，鹅具有自身的繁殖特点。

1. 明显的季节性

鹅是季节性繁殖动物，一般每年9月到翌年4月为母鹅的产蛋期。种鹅在繁殖期内，母鹅接受交配、产蛋；公鹅性欲旺盛、交配频繁。受精率也呈现周期性变化。一般繁殖季节初期和末期受精率较低，产蛋中期产蛋率高时，受精率也高。

2. 较强的就巢性

就巢性即母鹅产蛋后停产抱窝的特性。除四川白鹅、太湖鹅、豁眼鹅、籽鹅等品种外，绝大多数大中型鹅种及局部小型鹅种都有就巢性。

3. 固定配偶交配的习惯

家鹅继承了它的祖先一夫一妻制的习惯，但并非绝对。小群饲养时，每只公鹅常与几只固定的母鹅配种，当重新组群后，公鹅与不熟识的母鹅互相分离，互不交配，这在年龄较大的种鹅中更为突出。不同个体、品种、年龄和群体之间都有选择性，这一特性严重影响受精率。因此，组群要早，让它年轻时就生活在一起，发生"感情"，形成默契，能提高受精率。但不同品种择偶性的严格水平有差异。规模化、集约化养鹅可能会改变这种单配偶习惯。

4. 利用年限长

一般中小型鹅的性成熟期为6~8个月，大型鹅种更长。鹅的产蛋量在前3年随年龄的增长而逐年提高，第三年最高，第四年开始下降，种母鹅的经济利用年限为4~5年，种鹅群以2~3岁的鹅为主组群为理想。

5. 繁殖规律与光照周期有密切的关系

广东鹅属于短光照品种，豁眼鹅属于长光照品种。利用这个原理，采取科学的光照制度可以实现种鹅反季节繁殖。

6. 繁殖性能低

表现在性成熟较晚，6~8月龄或9~10月龄才性成熟；产蛋量较低，每只鹅产蛋25~40枚或50~80枚；受精率和孵化率偏低，为60%~80%；不育现象普遍，尤其是公鹅，交配器官短、细、软，交配能力弱，受精力差；留种时间对产蛋量有明显影响，大部分地区12月至翌年2月间留种较适宜，1~2月留种最佳。北方地区最佳留种时间应在4月；广西、广东等地在3~4月留种较为适宜。

三、鹅的行为学习性

1. 喜水性

鹅是水禽，喜欢在水中觅食、嬉戏和求偶交配。鹅群放牧饲养时应选择具有宽阔的水域和良好的水源的地方。舍饲时应设置有水浴池或水上运动场，供鹅群洗浴、交配。鹅的趾上有蹼似船桨，躯体内有气囊，气囊内充满气体，在水上运动时轻浮如梭。鹅有水中交配的习性，特别是在早晨和傍晚，水中交配次数占60%以上。

2. 食草性

鹅是草食水禽，凡在有草和水源的地方均可饲养，尤其是地表水较多、水草丰富的地方，更适宜成群放牧饲养。鹅的消化道总长是体躯长的11倍，且有发达的盲肠。鹅的肌胃发达，肌胃的压力是鸭的1倍。鹅的肌胃内有一层很厚而且坚硬的角质膜，内装沙石，依靠肌胃坚厚的肌肉组织的收缩运动，可把食物磨碎。同时鹅盲肠发达，含有大量厌氧纤维分解菌，能发酵分解粗纤维，消化率可达40%~50%。据测定，鹅对青草中粗蛋白质的吸收率高达76%，每天饲喂 7 千克左右的青草和 1~1.2 千克的精料就会使鹅体重增加 1 千克。鹅的颈粗长而有力,对青草芽草尖和果实有很强的衔食性。鹅吃百样草,除有毒、有特殊气味的草外,它都可采食,群众称之为"青草换肥鹅"。

3.合群性

家鹅由野雁驯化而来,雁喜群居和成群结队飞行,这种本性在驯化之后仍未改变,因而家鹅至今仍表现出很强的合群性。经过训练的鹅在放牧条件下可以成群远行数里而不紊乱。如有鹅离群独处,则会高声鸣叫,一旦得到同伴的应和,孤鹅则寻声而归群。相互间也不喜殴斗。因此,这种合群性使鹅适于大群放牧饲养和圈养,管理也比较容易。

4.敏感性

鹅的听觉敏锐,警觉性强,反应迅速,能较快地接受调教和管理训练。但易受惊吓,要防止猫、犬、老鼠等动物进入鹅舍,或突发性声、光刺激,以免鹅群受惊而相互挤压,产蛋下降。鹅遇到陌生人会高声鸣叫,甚至振翅啄人。因此,有人用鹅代替狗看家护院。

5.耐寒怕热

鹅全身覆盖羽毛,且绒羽浓密、保温性能很好;鹅的皮下脂肪较厚,因而具有极强的耐寒能力。鹅的尾脂腺发达,可分泌油脂,鹅在梳理羽毛时,经常用喙压迫尾脂腺,挤出油脂分泌物,再用喙涂擦全身羽毛,来润湿羽毛,使羽毛不被水所浸湿,起到防水御寒的作用。故鹅即使是在冬季低温仍能在水中活动,在 10℃左右的气温条件下,即可保持较高的产蛋率。但鹅比较怕热,在炎热的夏季,喜欢整天泡在水中,或者在树荫纳凉休息。觅食时间减少,采食下降,产蛋量也下降,而且许多鹅种往往在夏季停止产蛋。

6.摄食特点

鹅喙呈扁平铲状,摄食时不像鸡那样啄食,而是铲食,铲进一口后,抬头吞下,然后再重复上述动作,一口一口地进行。这就要求补饲时,食槽要有一定高度、平底,有一定宽度。鹅没有鸡那样的嗉囊,可以贮藏一定的饲料,故每日鹅必须有足够的采食次数,防止饥

饿，小鹅每日必须喂料 7~8 次以上，特别是夜间补饲，俗谚："鹅不吃夜草不肥，不吃夜食不产蛋"。鹅的喙上有触觉，并有许多横向的角质沟，当在水中衔到带杂食的食物，可不断滤水留食，从而可充分利用水中食物和矿物质满足生长和生产的需要。

7. 择偶性

鹅素有择偶的特性，公母鹅都会自动寻找中意的配偶，公鹅只对认准的母鹅可经常进行交配，而对群体中的其他母鹅则不与交配。在鹅群中会形成以公鹅为主、母鹅只数不等的自然小群。经驯化，一般公母鹅比例可达 1∶（4~6）。

8. 抱性

虽经过人类的长期选育，有的鹅品种已经丧失了抱孵的本能（如太湖鹅、豁眼鹅等），但较多的鹅种由于人为选择了鹅的抱性，致使这一行为仍保持至今，这就明显减少了鹅产蛋的时间，造成产蛋性能远远低于鸡和鸭。通常母鹅产蛋 10 枚左右时，就会自然就巢，每窝可抱孵鹅蛋 8~12 枚。

9. 生活规律性

鹅具有良好的条件反射能力，生活具有明显的规律性。放牧鹅群，一日之中的放牧、游水、交配、采食、休息、收牧、产蛋等都有比较固定的时间。而且这种生活节奏一经形成便不易改变。如原来喂 4 次的，突然改为 3 次，鹅会很不习惯，并在原来喂食的时候，自动群集鸣叫、骚乱。如原来的产蛋窝被移动后，鹅会拒绝产蛋或随地产蛋；鹅产蛋一般在凌晨，若多数窝被占用，有些鹅宁可推迟产蛋时间，这样就影响了鹅的正常产蛋。如早晨放牧过早，有的鹅还未产蛋即跟着出牧，当到产蛋时这些鹅会急急忙忙赶回舍内自己的窝内产蛋。因此，在养鹅生产中，一经制定的操作管理规程要保持稳定，不要轻易改变。

10. 肝脏沉积脂肪能力

鹅肝脏合成脂肪的能力大大超过其他家禽和哺乳动物。鹅体其他组织中合成脂肪数量只占总量的 5%~10%，而肝脏中合成的脂肪却占 90%~95%，因此鹅是生产肥肝的最佳禽种。

第三章

鹅的品种选择与繁育

第一节　鹅的品种

一、中国鹅种

我国养鹅历史悠久，饲养量大，分布广，而且品种资源丰富。现代我国的鹅品种分为 2 个类型，绝大多数的是中国鹅（分为许多品变种）和产于新疆的伊犁鹅。中国鹅是世界上最著名的鹅种之一，也是欧亚大陆的主要鹅种，曾被引至许多国家饲养，并用于改良当地品种，国外不少著名鹅种均含有中国鹅的血统。中国鹅以其对各种自然条件的广泛适应性和对各种低劣饲料的耐粗饲性，更以其高产蛋率而著称。现在我国饲养的鹅多属于中国鹅。现将一些具有代表性的中国鹅地方品种介绍如下。

1. 小型鹅

（1）豁眼鹅（图 3-1）　由于上眼睑边缘后上方有豁口而称为豁眼鹅。原产于山东省莱阳地区，在辽宁昌图饲养最多，故又称昌图豁鹅，或者称五龙鹅、疤拉眼鹅。具有产蛋多、生长快、肉质好、耐粗饲等特点。

体形较小，头较小，成年鹅头顶部肉瘤明显，呈橘黄色，眼大小中等，呈三角形，虹彩为蓝灰色。喙扁平，橘黄色。颈细长，向前呈

弓形。背宽广平直，挺拔健壮。两腿健壮有力，跖蹼均为橘黄色。成年公鹅体形略大，有好斗性，叫声高而洪亮。母鹅体形略小，性情温驯，叫声低而清脆，腹部有少量不太明显的皱褶，欲称"蛋包"。

公鹅体重 4~5 千克，母鹅体重 3.5~4 千克。生长速度快，5 月龄达体重最高点。全净膛率为 72%，半净膛率为 81%。肌肉纤维较粗，脂肪含量适中，胆固醇含量低，蛋白质含量高达 18%，赖氨酸、组氨酸丰富。成熟较早，出壳后 6~7 月龄开始产蛋。集约饲养条件下每年产蛋 120 枚左右，个体高的可达 160 枚，粗放饲料条件下年产蛋约 100 枚。蛋平均重 118 克，年产蛋重 12~13 千克。蛋壳白色，椭圆。豁眼鹅全身白毛，羽绒质量较佳，含绒量为 30%。活鹅拔毛蓬松度好，不含杂毛，飞丝少，深受羽绒加工商欢迎。

图 3-1　豁眼鹅（左雄　右雌）

（2）太湖鹅（图 3-2）　是世界著名的一个小型高产品种，原产于长江三角洲的太湖地区，目前，已推广到全国许多省（自治区、直辖市），具有体型小、宜牧、早熟、产蛋多、抱性消失等特征。

身体细致紧凑，全身羽毛紧贴，无咽袋。公鹅肉瘤大圆而光滑，颈长，呈弓形；母鹅肉瘤小，胫、蹼均橘红色，但喙短色浅。爪白色，肉瘤姜黄色，眼睑淡黄色，虹彩灰蓝色。公母鹅全身羽毛洁白，少数个体在眼梢、头顶、腰背部有少量灰褐色斑点。雏鹅的绒毛乳黄色，喙、跖、蹼橘红色。

觅食能力强，早熟，成活率高，饲料报酬高，但早期生长性能较差。成年公母鹅体重分别为 4.33 和 3.23 千克。公母仔鹅半净膛屠宰率分别为 79.6% 和 80.5%，全净膛屠宰率分别为 68.4% 和 69.5%。成年公鹅的半净膛和全净膛屠宰率分别为 84.9% 和 75.6%，母鹅则分别为 79.2% 和 68.8%。每只母鹅产蛋最高可达 123 枚，平均 60 枚。蛋重约 135 克，蛋壳乳白色。太湖鹅繁殖率强，每一母鹅可提供 45 羽仔鹅，抱性弱，羽绒洁白，轻软，弹性好。每只鹅可产羽绒 200~250 克。

图 3-2　太湖鹅（左雄　右雌）

（3）乌鬃鹅（图 3-3）　原产于广东清远市，因其颈背部有 1 条由大渐小的深褐色鬃状羽毛带，故又称清远乌鬃鹅。特点是早熟，肉质优良，觅食能力强，母鹅抱性强，但产蛋少。

乌鬃鹅体型紧凑，体躯宽短，背平，头小，颈细，腿矮。公鹅体型呈榄核型，肉瘤发达，雄性特征明显；母鹅呈楔形。乌鬃鹅的羽毛大部分呈乌棕色，胸羽灰白色；翼羽、肩羽和背羽末端有明显的棕褐色镶边，故俯视呈乌鬃色；腹尾的羽绒白色；尾羽灰黑色，呈扇形，稍向上翘起。青年鹅的各部羽毛颜色比成年鹅较深。眼大适中，虹彩棕色。喙、肉瘤、胫、蹼均为黑色。

成年公母鹅体重分别为 3.5 和 2.9 千克，半净膛和全净膛屠宰率公鹅分别为 87.4% 和 77.4%，母鹅则分别为 87.5% 和 78.1%。平均年产蛋 29.6 枚，好的鹅场达 34.6 枚。平均蛋重 144.5 克，蛋壳浅褐色。乌鬃鹅的交配能力强，一只强健公鹅在配种季节 1 天可交配

15次之多。种蛋平均受精率为87.7%，受精蛋孵化率为92.5%，雏鹅成活率为84.9%。产区群众多数采取母鹅天然孵化，受精蛋平均孵化率为99.5%。母鹅的抱性强，每产完1期蛋就巢1次，每年就巢4~5次。

图3-3　乌鬃鹅（左雄　右雌）

（4）仔鹅（图3-4）　中心产区集中于黑龙江绥化市和松花江地区，全省各地均有分布。因产蛋多，群众称其为仔鹅，具有耐寒、耐粗饲和产蛋能力强特点。

图3-4　仔鹅（左雄　右雌）

体型较小，紧凑，略呈长圆形。羽毛白色，一般头顶有缨叫顶心毛，颈细长，肉瘤较小，颌下偶有较小的咽袋。喙、胫、蹼皆为橙黄色，虹彩为蓝灰色。腹部一般不下垂。额下垂皮较小。白色羽毛。

成年公鹅体重 4.0~4.5 千克，母鹅 3.0~3.5 千克。24 周龄公母鹅半净膛率分别为 83.15% 和 82.91%，全净膛率 78.15% 和 79.60%。母鹅一般年产蛋在 100~180 枚，蛋重 114~153 克，平均 131.1 克，蛋壳白色。仔鹅春季受精率尤高，在 90% 以上，受精蛋孵化率均在 90%~98%。

（5）永康灰鹅（图 3-5） 原产于浙江永康县及部分毗邻地区。具有成熟早，肥育快，肥肝性能优良特点，是我国产鹅肥肝较好的鹅种之一。

公鹅颈长而粗，肉瘤较大，前躯较发达；母鹅颈略细长，后躯较发达，肉瘤较小。上部羽毛颜色较下部深，颈部两侧和前胸部为灰白色，腹部为白色，尾部上灰白，俗称"乌云盖雪"。喙、肉瘤均为黑色，胫、蹼均为橘红色，皮肤淡黄色。

成年公母鹅体重分别为 4.18 和 3.73 千克，60~70 日龄仔鹅的半净膛率 82.36%，全净膛率 61.81%，母鹅年产蛋 40~60 枚。蛋重 100~200 克，平均为 145.4。种鹅每产蛋 1 个，交配 1 次。就巢性强，每期产蛋结束即就巢，抱孵蛋数以 10~15 个为宜。肥肝重最大 1.137 千克，平均重 487.26 克，肝料比为 1：40.12。

图 3-5　永康灰鹅（左雄　右雌）

（6）长乐灰鹅（图3-6） 是福建省的优良地方鹅种，原产于福建省长乐县，经长期选育，适于海滨放牧。具有节省精料，生长快，出肉多，肥肝性能较好，成本低，周转快，饲养粗放等特点。

成年鹅羽毛灰褐色，纯白色的少。喙黑色或黄色，嘴边有梳齿状缺刻，嘴下无垂皮。肉瘤黑色或黄色带黑斑。皮肤黄色或白色。胫、蹼黄色。眼大，虹彩褐色（颈、肩、胸交界处有白色羽环者虹彩天蓝色）。公鹅肉瘤大，稍带棱脊形，母鹅肉瘤较小而扁平，两者有明显区别。

成年公鹅体重3.3~5.5千克，母鹅3.0~5.0千克，70~90日龄肉鹅半净膛率81.78%，全净膛率65%~67%。平均年产蛋量30~40个。蛋重104.8~186克，平均蛋重153克。蛋壳白色。公母配种比例为1∶6，种蛋受精率80%以上，育雏成活率80%~90%。抱性较强，每产完1窝蛋，即就巢1次，长乐灰鹅的肝相对较重，若经填肥23天，肥肝平均重可达220克，最大肥肝503克。

图3-6 长乐灰鹅（左雄 右雌）

（7）阳江鹅（图3-7） 是性成熟最快的小型品种，中心产区位于广东省湛江地区阳江市。体型中等、行动敏捷。母鹅头细颈长，躯干略似瓦筒形，性情温顺。公鹅头大，颈粗，多数为白色，少数为浅绿色。躯干略呈船底形，雄性明显。从头部经颈向后延伸至背部，有一条宽1.5~2厘米的深色毛带，故又叫黄鬃鹅。

图3-7　阳江鹅（左雄　右雌）

成年公鹅体重4.2~4.5千克，母鹅3.6~3.9千克，70~80日龄仔鹅体重3.0~3.5千克。

2. 中型鹅

（1）伊犁鹅（图3-8）　主要产于新疆维吾尔自治区伊犁哈萨克自治州以及博尔塔拉蒙古自治州一带，又称塔城飞鹅、雁鹅。具有耐粗饲、宜放牧、能短距离飞翔、耐严寒等特点，是我国唯一从灰雁驯化而来的鹅种，但生产性能不高。

体型中等。头上平顶，无肉瘤突起。颌下无咽袋。颈较短。胸宽广而突出，体躯扁平椭圆形。体型与灰雁非常相似，腿粗短，颈尾较长。雏鹅上体黄褐色，两侧黄色，腹下淡黄色。眼灰黑色。喙黄褐色，喙豆乳白色。胫、趾、蹼橘红色。成年鹅喙象牙色，胫、趾、蹼肉红色，虹彩蓝灰色。依据羽毛颜色可分为灰鹅、花鹅（灰白相间）、白鹅3种。

成年公鹅的体重4.29千克，母鹅3.53千克。半净膛率和全净膛率分别为83.6%和75.5%。年产蛋量，第一至第二年10枚左右，第三至第六年15枚左右。平均蛋重150克，壳白色。受精率83.1%以上；受精蛋孵化率81.9%。就巢性每年1次，少数有2次。每只鹅可以产绒240克。

图 3-8　伊犁鹅（左雄　右雌）

（2）皖西白鹅（图 3-9）　产于安徽省西部丘陵山区和河南省固始一带，具有早期生长快、耗料少、肉质好、羽绒品质优良等特点，但产蛋量较少。

体态高昂，细致紧凑，全身羽毛白色，颈长呈弓形。肉瘤橘黄色，圆而光滑无皱褶。喙呈橘黄色，喙端色较浅。虹彩灰蓝色。胫、蹼呈橘红色。少数鹅的颌下有咽袋。公鹅肉瘤大而突出，颈粗长有力；母鹅颈较细短，腹部轻微下垂。少数个体头顶后部生有顶心毛。

图 3-9　皖西白鹅（左雄　右雌）

成年鹅的体重公母分别 5.12 和 5.56 千克，其半净膛和全净膛屠宰率分别为 79.0% 和 72.8%。较粗放的饲养条件下，一般母鹅年产 2 期蛋，孵两窝雏鹅，年产蛋量为 25 枚左右，壳白色，平均蛋重 142 克。皖西白鹅繁殖季节性强，时间集中在 3~5 月，种蛋受精率平均达 88.7%。由于采用自然孵化，一般孵化率较高，受精蛋孵化率达 91.1%，母鹅抱性强，一般每产 1 期蛋就巢 1 次。

（3）闽北白鹅（图 3-10） 中心产区位于福建省北部的松溪、政和等县市，以及周边县市，具有生长快、产肉率高、耐粗饲能力强的特点。

全身羽毛洁白，喙、胫、蹼均为橘黄色，皮肤为肉色，虹彩灰蓝色。公鹅头顶有明显突起的冠状皮瘤，颈长胸宽，鸣声洪亮。母鹅臀部宽大丰满，性情温驯。雏鹅绒毛为黄色或黄中透绿。

成年公鹅体重 4.0 千克以上，母鹅 3.0~4.0 千克。在较好的饲养条件下，100 日龄仔鹅体重可达 4 千克，肉质好。公鹅全净膛率 80%，胸、腿肌占全净膛分别为 16.7% 和 18.3%；母鹅全净膛率 77.5%，胸、腿肌占全净膛重分别为 14.5% 和 16.4%。母鹅年平均产蛋 30~40 枚。平均蛋重 150 克以上，壳白色。种蛋受精率 85% 以上，受精蛋孵化率 80%。母鹅有抱性。每只平均产羽绒 349 克，其中，纯绒 40~50 克。

图 3-10 闽北白鹅（左雄 右雌）

（4）四川白鹅（图 3-11） 产于四川省温江、乐山、宜宾、永川和达县等地。具有无抱性，产蛋量较高，肉仔鹅生长速度快，适应性强，耐粗饲，在恶劣的自然环境条件下也能较好地生存下去，且肉

质较好，有较好的产羽绒性能等特点。该鹅放牧饲养90天左右即可提供肥嫩的仔鹅上市，并可获得优质白色羽绒出口。

图3-11　四川白鹅（左雄　右雌）

四川白鹅全身羽毛洁白、紧密，公鹅体躯稍大，颈粗，体躯稍长，额部有1个半圆形肉瘤。母鹅体较小，头部清秀，颈细长，肉瘤不明显。喙、胫、蹼等均为橘红色，虹彩蓝灰色。

成年公母鹅的平均体重分别为5.00和4.9千克。6月龄时的半净膛和全净膛屠宰率公鹅分别为86.28%和79.27%；母鹅为80.69%和73.10%。母鹅年产蛋量可达60~80枚，壳白色，平均蛋重146.28克。种蛋受精率85%以上，受精蛋孵化率在84%。母鹅无抱性。每只产毛绒157.4克。经填肥，肥肝平均重344克，最大520克。

（5）浙东白鹅（图3-12）　主要产于浙江东部的奉化、象山、定海等县，分布于临近县市。具有生长快、肉质好、耐粗饲的特点外，还有较好的产羽绒、产肥肝性能特点。

体型中等，体躯长方形。全身羽毛洁白，部分头部和背侧杂有少量斑点状灰褐色羽毛。额上方肉瘤成半球形高突，并随年龄增长突起明显。颌下无咽袋。颈细长。喙、胫、蹼幼时橘黄色，成年后变橘红色，爪玉白色，肉瘤颜色较喙色略浅，眼睑金黄色，虹彩灰蓝色。成年公鹅身材高大，肉瘤高突。成年母鹅肉瘤较低，性情温驯，腹部宽大下垂。

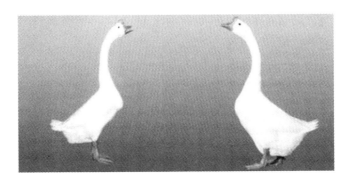

图 3-12　浙东白鹅（左雄　右雌）

　　成年公母鹅的体重分别为 5.04 和 3.99 千克。70 日龄半净膛屠宰率和全净膛屠宰率分别为 81.1% 和 72.0%，母鹅年产蛋 40 枚左右，平均蛋重 149 克，壳白色。种蛋受精率 90% 左右，孵化率达 90% 左右。浙东白鹅一般都有抱性，每年 3~4 次，通常在产完 1 期蛋后即开始就巢。年产绒 125~400 克，平均 213 克。经填肥后，肥肝平均重 392 克，最大肥肝 600 克。

　　（6）溆浦鹅（图 3-13）　被公认为具有生产特级肥肝潜力的优良肝用鹅种，也是优良的肉用品种。原产于湖南省沅水支流的溆水两岸，中心产区在溆浦县近郊，邻近市县均有分布。具有体型大，前期生长快，耗料少，觅食力强，适应性强，肥肝生产性能好，产羽绒性能好，但产蛋量较少特点。

　　成年鹅体型高大，体躯稍长，呈圆柱形。公鹅头颈高昂，护群性强；母鹅体型稍小，性温驯，觅食力强，产蛋期间后躯丰满且呈蛋圆形。腹部下垂，有腹褶。部分个体头上有顶心毛。羽毛颜色主要有白、灰 2 种，以白色居多。

　　成年溆浦鹅公母体重分别为 6~6.5 千克和 5~6 千克。公鹅的半净膛和全净膛屠宰率分别为 88.6% 和 80.7%，母鹅分别为 87.3% 和 79.9%。母鹅年产蛋 30 枚左右，平均蛋重 212.5 克（秋蛋较小，冬春蛋大）。蛋壳多数呈白色，少数淡青色。种蛋受精率为 97.4%，受精蛋孵化率 93.5%。溆浦鹅有较强的抱性，一般每年发生 2~4 次，

多的达 5 次。具有良好的产肥肝性能，肥肝品质好，经填肥后平均肝重 488.7 克，最大重量达 929 克。

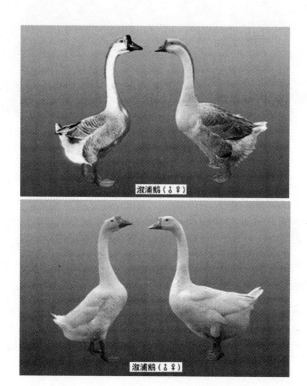

图 3-13　溆浦鹅（左雄　右雌）

（7）雁鹅（图 3-14）　原产于安徽省六安市，江苏西南部、东北三省亦有分布。具有适应性强，耐粗饲，抗病力强，生长较快，肉用性能较好，四季均可产蛋抱窝，但产蛋量较少等特点。由于市场对灰色鹅毛需求量较少，再加上雁鹅的繁殖率较低，因而造成雁鹅的饲养量逐年减少，种质退化严重。为此，雁鹅已被农业部列为重点保护的地方品种。

图 3-14   雁鹅（左雄   右雌）

体型较大，体质结实，全身羽毛紧贴。头部圆形略方，大小适中。头上有黑色肉瘤，质地柔软，呈桃形或半球形向上方突出。眼球黑色，大而灵活。虹彩灰蓝色。喙扁阔，黑色。个别鹅颈下有小咽袋。颈细长，胸深广，背宽平，腹下有皱褶。腿粗短，胫、蹼多数呈橘黄色，个别有 1 块黑斑，爪黑色。皮肤多数黄白色。公鹅体型较母鹅高大、粗壮，头部肉瘤大而突出。

公母成年雁鹅的体重分别为 6.0 和 4.8 千克，成年公鹅的半净膛和全净膛屠宰率分别为 86.1% 和 72.6%；母鹅则为 83.8% 和 65.3%。母鹅年产蛋量 25~35 枚。平均蛋重 150 克，壳白色。种蛋受精率 86% 以上，受精蛋孵化率 70%~80%。母鹅抱性较强，一般每年就巢 2~3 次，就巢率达 83%。

（8）扬州鹅（图 3-15） 扬州大学培育，被誉为我国第一个新鹅种。具有耐粗饲，觅食和抗病能力强，适宜舍饲、放牧或舍放结合饲养方式，早期生长快，肉味鲜美，种鹅产蛋多，繁殖率高等特点。

头中等大小，高昂，前额有半球性肉瘤，瘤明显，呈橘黄色，颈粗细及长短适中，体躯方圆，紧凑，羽毛栉白，绒质较好，1%~3% 的鹅眼梢或头顶或腰背部有少量灰褐色羽毛，喙、胫、蹼橘黄色（略淡），眼睑淡黄色，虹彩灰蓝色。

图 3-15　扬州鹅（左雄　右雌）

肉用仔鹅 70 日龄屠宰半净膛率公鹅 89.4%，母鹅 85.9%；全净膛率公鹅 68.0%，母鹅 67.7%。种鹅 60 周龄入舍母鹅平均产蛋 59.6 枚，平均蛋重 140.0 克，产蛋期成活率达 96.0%；68 周龄入舍母鹅平均产蛋 72.8 枚，平均蛋重达 141.0 克，产蛋期成活率达 95.3%；蛋形指数 1.47。繁殖性能好，种蛋受精率 92.1%，出雏率 87.18%。

3. 大型鹅

狮头鹅（图 3-16）是我国唯一大型优质鹅种。原产于广东省饶平县溪楼村，主要产区在澄海县和汕头市郊。具有体型大、生长快、肥肝生产性能好、饲料利用率高等特点。

体躯呈方形。头大颈粗，前躯高，头部前额肉瘤发达，向前突出，肉瘤黑色，额下咽袋发达，一直延伸到颈部。因额部肉瘤发达，几乎覆盖于喙上，加上两颊又有黑色肉瘤 1~2 对，酷似狮头，故名狮头鹅。公鹅和 2 岁以上母鹅的头部肉瘤特征更为显著。全身背面羽毛、前胸羽毛及翼羽均为棕褐色。腹面的羽毛白色或灰白色。胫粗，蹼宽，胫、蹼都为橙红色，有黑斑。皮肤米黄色或乳白色。体内侧有似袋状的皮肤皱褶。

图 3-16   狮头鹅

　　成年公鹅体重可达 10 千克以上，个别达 15 千克，平均 8.5 千克；母鹅体重可达 9 千克以上，个别达 13 千克，平均 7.86 千克。以传统放牧为主饲养，70~90 日龄上市未经肥育仔鹅的平均体重为 5.84 千克，公鹅 6.18 千克、母鹅为 51 千克；半净膛屠宰率为 82.9%（公鹅 81.9%、母鹅 84.2%）；全净膛屠宰率为 72.3%（公鹅 71.9%、母鹅 72.4%）。母鹅年产蛋 24~28 枚，蛋重 176.3~217.2 克，壳乳白色。1 岁母鹅产蛋的受精率 69%，受精蛋孵化率 87%。2 岁以上母鹅产蛋的受精率 79.2%，受精蛋孵化率 90%。母鹅抱性强，每产完 1 期蛋，就巢 1 次；约 5% 的母鹅无抱性或抱性弱。狮头鹅生产肥肝的能力是我国鹅种中最强的，是重要的肥肝型品种。经填饲育肥后，平均肝重可达 960 克，最高可达 1.4 千克，平均 538 克。

二、国外鹅种

　　外国鹅品种的体型区分与中国鹅不同，成年鹅的体重标准要大。

1. 中型鹅

　　（1）朗德鹅（图 3-17）　又称西南灰鹅，世界著名肥肝型鹅种。

原产法国西南部的朗德省，是当前法国生产鹅肥肝的主要品种。目前我国吉林省、山东省和江苏省有分布，具有生长速度快、产肥肝性能强、产绒量大等特点。

图3-17　朗德鹅

体型中等偏大，成年鹅羽毛灰褐色，颈背部近黑色，胸腹部毛色较淡，呈银灰色，至腹下部则为白色，也有部分白羽个体或灰白色个体。一般情况下，灰羽的羽毛较松，白羽的羽毛紧贴，颈羽卷曲，喙呈橘黄色，胫、蹼为肉色，无肉瘤。

成年公鹅体重7~8千克，母鹅6~7千克。年产蛋量35~40枚，经选育可达到50~60枚。平均蛋重180~200克。母鹅抱性弱，公鹅配种能力差，种蛋受精率不高，仅65%左右。朗德鹅对人工拔毛耐受性强，每年拔毛2次，羽绒产量可达350~450克。肉用仔鹅经填肥后，活重达到10~11千克，肥肝重达700~800克。

（2）莱茵鹅（图3-18）　世界著名肉用型和肥肝型鹅品种。原产德国莱茵河流域，在欧洲大陆均有分布，是欧洲各鹅种中产蛋量较高的品种。具有适应性强、食谱广、耐粗饲、能适应大群舍饲、成熟期较早等特点。

体型中等偏小。初生雏背羽为灰褐色，2~6周龄逐渐变白色，成年时体羽洁白。喙、胫、蹼均呈橘黄色。头部无肉瘤，颈粗短。

成年公鹅体重5~6千克，母鹅4.5~5千克。母鹅年产蛋量50~60枚，蛋重150~190克。受精率74.9%，孵化率80%~85%。莱茵鹅生产肥肝性能中等，一般填饲条件下肥肝重350~400克。法国产莱茵鹅肝重276克，匈牙利产莱茵鹅肝重350~400克。

图 3-18　莱茵鹅

2.大型鹅

（1）非洲鹅（图 3-19） 是法国鹅和中国鹅杂交的品种，主要分布在南美洲和非洲的部分地区，是具有很强的守护领地意识的大型肉用鹅品种。

图 3-19　非洲鹅

非洲鹅体型粗壮，体躯长、深且宽。颈部厚壮，喙坚硬。成年个体前额有1个向前突出的头瘤，下腭及颈上部有1个光滑呈新月形的颈垂悬挂着，随着年龄增加颈垂逐渐伸长。尾上翘，包褶紧凑。体型虽大但体脂肪是大型鹅中最少的。繁殖年限长。非洲鹅很耐寒。

成年公母鹅体重分别为9.08千克和8.17千克，肉用仔鹅公母体重分别为7.50千克和6.35千克。年平均产蛋量20~45枚。公母配比1：（2~60）。

（2）埃姆登鹅（图3-20） 是古老的大型鹅种。原产于德国的埃姆登城附近。我国台湾省已引种。具有耐粗饲，成熟早，体型大，早期生长快，肥育性能好，肉质佳等特点。

成年鹅头大呈椭圆形，颈长略呈弓形，背宽阔，体长。胸部光滑看不到龙骨突出，腹部有1双皱褶下垂。尾部较背线稍高，站立时身体姿势与地面成30°~40°角。喙、胫、蹼呈橘红色，喙粗短，眼睛蓝色。

图3-20　埃姆登鹅

成年鹅体重，公鹅9~15千克，平均11.80千克；母鹅8~10千克，平均9.08千克。母鹅年平均产蛋量35~40枚，蛋重160~200克，蛋壳坚厚，呈白色。母鹅抱性强。埃姆登鹅的羽绒洁白丰厚，活体拔毛，羽绒产量高。

（3）图卢兹鹅（图3-21） 是世界上体型最大的鹅种，肉用和肥肝用品种。又称茜蒙鹅、土鲁斯鹅，原产于法国南部的图卢兹市郊区，主要分布于法国西南部，后传入英国、美国等欧美国家。是法国生产鹅肥肝的传统专用品种。具有生长快，产肉多，肥肝速度快等特点。

体型大，羽毛丰满，头大，喙尖，颈粗，中等长度，体躯呈水平状态，胸部宽深，腿短而粗。颌下有皮肤下垂形成的咽袋，腹下有腹褶，咽袋与腹褶均发达。羽毛灰色，着生蓬松，头部灰色，颈背深灰，胸部浅灰，腹部白色。翼部羽深灰色带浅色镶边，尾羽灰肉色。喙橘黄色，胫、蹼橘红色。眼深褐色或红褐色。

图 3-21　图卢兹鹅

　　成年公鹅体重 12~14 千克，母鹅 9~10 千克。产肉多，但肌肉纤维较粗，肉质欠佳。母鹅年产蛋量 30~40 枚，平均蛋重 170~200 克，壳乳白色。公鹅性欲较强，但受精率仅为 65%~75%，1 只母鹅 1 年只能繁殖 10 多只雏鹅，但抱性不强。该鹅易沉积脂肪，用于生产肥肝和鹅油，强制填肥每只鹅平均肥肝重 1 千克以上，一般 1~1.3 千克，最大肥肝重达 1.8 千克。但肥肝质量较差，肥肝大而软，脂肪充满在肝细胞的间隙中，一经煮熟脂肪就流出来，肥肝也因之缩小，加上体格过于笨重，耗料多，受精率低，饲养成本很高，所以，逐渐被朗德鹅取代。

第二节　鹅的品种选择和引进

一、鹅的品种选择

由于每一个品种适应性的差异，其生产性能在不同的地区表现有别，有的品种在某个地区表现得优良，在另一个地区可能表现得不那么优良。同时，消费习惯和市场销售等因素，也会影响到品种的选择。生产实际中要重视品种的选择。

1. 根据外貌与生理特征选种

鹅的外貌、体形结构和生理特征客观反映各部位生长发育和健康状况，从而判断鹅个体生产性能优劣，这是鹅选种中通常采用的简单易行、快速的方法。

选择时首先要求种鹅的外貌符合本品种特征，如豁鹅，眼呈三角形，上眼睑边缘后上方豁口明显；溆浦鹅，头大肉瘤高，额顶有"缨毛"；狮头鹅的头顶、颊和喙均有大的肉瘤；其次要考虑种鹅的生理特征。

（1）公鹅选择　公鹅要求体型大，体质健壮，躯体各部位发育匀称。阔脸大头，眼大且明亮有神；喙长而钝，颈粗长。胸宽且深，背直而宽，体型呈长方形，与地面近于水平，尾梢上翘。脚粗壮有力，胫长，两脚间距宽，蹼厚大，站立时身姿挺直，鸣声响亮，雄性特征显著。

此外，常有部分公鹅的阴茎发育不良或有缺陷，这会严重影响配种。因此，选留种公鹅还要检查阴茎的发育状况，选留长而粗、发育正常、伸缩自如、性欲旺盛、精液品质优良的公鹅。如用手挤压泄殖腔，阴茎很容易勃起伸出，阴茎伸出泄殖腔外面，长度3~4厘米，即为优良。

（2）母鹅选择　母鹅要求头部清秀，颈细长，眼大而明亮。胸饱满，腹深，体型长而圆，臀部宽且丰满，肛门大，两耻骨间距宽，末端柔软且较薄，耻骨与胸骨末端的间距宽阔。两脚结实，两脚间距宽，蹼大而厚。被毛紧密，两翼贴身。皮肤有弹性，胫、蹼和喙的色泽鲜明。行动灵活而敏捷，觅食力强，肥瘦适中。

2. 根据生产性能记录资料选种

为更准确地评定种鹅的生产水平，育种场必须做好主要经济性状产蛋力、产肉力、繁殖力3个方面记录（产肉力：要求体重大，生长速度快，肥育性能好，肉的品质好，饲料报酬高，屠宰效果好。产蛋力：要求开产日龄早，年产蛋量多，蛋的重量大。具体内容可按品种要求参阅相关资料。繁殖力：要求产蛋多，蛋的受精率高、孵化率和成活率高。通常由母鹅在规定产蛋期内提供的种蛋所孵出的健康雏鹅数来表示）。并根据这些资料进行更为有效的选种。对种鹅的选择可根据记录资料进行综合评定。

（1）根据系谱资料选种　适合尚无相关生产性能记录的雏鹅、育成鹅或公鹅。根据遗传学原理，血缘关系愈近的祖先对后代的影响愈大，因此，在运用系谱资料选种鹅时，比较亲代和祖代的生产性能即可。此外，应以主要经济性状（产蛋力、产肉力、繁殖力等）为主做全面比较，也应注意有无近交和杂交情况，有无遗传缺陷等。

（2）根据同胞成绩或者后裔成绩选种　依据与鹅具有血缘关系的同胞或者子一代的生产性能的优劣来决定该鹅存留。主要应用于公鹅。利用该种公鹅的具有血缘关系同胞的平均产蛋成绩来间接估计。因为它们在遗传结构上有一定的相似性，故生产性能与其全同胞或半同胞的平均成绩接近，通过后裔成绩选种是选择种鹅最可靠的方法。采用这种选择法选出的种鹅不仅可判断其本身是否为优良的个体，而且通过其后代的成绩可以判断它的优秀品质是否能够稳定地遗传给下一代。

二、鹅的品种引进

1. 引种原则

（1）生产性能高而稳定　鹅的品种多种多样，不同的品种其特

点、生产性能和经济用途不同，其生产效果也有较大的差异，所以，在选择品种时要充分考虑其生产用途和生产性能，同时要求各种性状性能保持稳定和统一。再者，要根据不同的生产目的和自身养殖条件，有选择地引入品种。如从肉鹅生产角度出发，既要考虑其生长速度，提高出栏日龄和体重，尽可能增加肉鹅生产效益，又要考虑其产量，实现规模效益，还应考虑肉质。如果是种用鹅场，选择品种不仅要考虑生长速度，还应考虑产蛋量（生长速度快、产肉率高的鹅种其产蛋量少，生产雏鹅数量少）。如果生产肥肝，则肉用性能佳、体型越大的鹅品种，肥肝平均重越大。

（2）能适应当地生产环境　优良的鹅种一般是在原产地经过长期适应培育的品种，当被引入到新的地区后，如果环境条件与原产地差异过大，其优良生产性能不能充分表现。所以选择生命力强，成活率高，适应当地气候及环境条件的品种。如南方从北方引种，是否适应湿热气候，北方从南方引种则是否能安全过冬等。

（3）与生产目的相符　鹅肉、肥肝、产蛋、羽绒等均具有各自不同的消费市场，因此，根据市场需求确定养鹅的生产目的。引入品种的生产性能特性必须要与市场目的相符，与生产地的鹅产品消费习惯相符。如江南地区烧鹅、烤鹅等消费量大，要求提供的加工肉鹅生长期短、肉质嫩，应选择一些早期生长速度快的和大型品种。如果生产肥肝，则肉用性能佳、体型越大的鹅品种，肥肝平均重越大。此外，有些地区还有一些特殊的要求，如东北有的地区喜食鹅蛋，也有的对鹅的羽色、外形要求不同，如华南、港澳台地区及东南亚以灰鹅为主。而我国绝大部分省市消费市场，对白鹅比较喜爱，饲养的鹅品种多是白羽鹅种。

2. 鹅的引种方法

同一个品种来自不同的生产场家其品质就有较大差异，引种过程中一些因素也会影响引种效果，所以选好品种后还要注意做好如下引种工作。

（1）遵循国家相关法律　鹅的引种分为国内引种与国外引种，由于不同地区之间的引种可能引发动物传染病、寄生虫病和植物危险性病虫杂草以及其他有害生物的传播，因此，引种必须遵循国家相关法律。国内引种要按我国政府颁布的《种畜禽管理条例》、农业部颁布的《种畜禽生产经营许可证》管理办法、《中华人民共和国动物防疫法》执行。从国外的引种要求必须根据国家质量监督检验检疫总局于2002年7月1日发布，并于2002年9月1日起施行的《进境动植物检疫审批管理办法》执行。

（2）制定合理引种计划，不盲目引种　引种前，要详细查阅引入品种的技术资料，了解其生产性能、饲料营养要求等，如引入品种鹅的外貌特征、生产性能、饲养管理特点等。并要详细了解引种场的饲养管理情况。

（3）注意品种的适应性　选定的引进品种要能适应当地的气候及环境条件。引种最好选择在两地气候差别不大的季节，以便引入个体逐渐适应气候的变化。从寒冷地带向热带地区引种，以秋季引种最好；从热带向寒冷地区引种，则以春末夏初引种适宜。引种时，夏季尽量在傍晚或清晨凉爽时运输，冬春季节尽量安排在中午风和日丽的时候运输。尽量缩短运输时间，减少途中损失。

（4）引种渠道要正规　种鹅场的饲养管理情况直接影响到鹅种的内在品质和健康，从而影响到以后生产性能的表现和经营效果。从正规的种鹅场引种，要求种鹅场必须是国家畜牧兽医部门划定的非疫区，畜禽场内的兽医防疫制度必须健全完善，动物卫生行为操作规范，并且管理严格。在实际选择引种目标场家过程中，首先要查看该畜禽场的各种证件，包括《动物防疫合格证》《种畜禽生产经营许可证》等法定售种畜禽资格的证件证照等。而且引种种鹅场的生产水平要高，配套服务质量高，有较高的信誉度，才能确保鹅苗质量。

（5）注意运输条件，充分准备　运输车辆必须严格清洗消毒并且大小合适，在车箱底部应垫上锯末或沙土等柔软防滑的垫料，且雏鹅要按合理密度装箱，以避免鹅苗在运输中颠簸碰撞而出现挤压和受伤。其次，必须事先做好准备工作，如圈舍、饲养设备等要提前清洗、消毒，备足饲料及常用药物，饲养人员应接受过技术培训。此外，首次引入品种数量不宜过多，引入后要先进行1~2个生产周期的性能观察，确认引种效果良好时，再增加引种数量，扩大繁殖。

第三节　鹅的高效繁育方法

一、鹅的品种选育

与鸡鸭等家禽相比，鹅的繁殖性能较低，因此，实际生产中要采用现代高效的选育方法，提高繁殖效率。目前，运用比较广泛的选育方法主要有纯种选育和杂交选育两种。

（一）纯种选育

是用同一个品种内的公母鹅进行配种繁殖。优点是较好的保持一个品种的优良性状，如果针对该品种的优良性状不断选育，就能够获得更加优良的性状。通俗地说就是：选优汰劣、留纯去杂。但是该方法的缺点是容易出现近亲繁殖，使后代的体质变弱，发病率、死亡率增多，生产性能下降。特别是规模小的养鹅场，鹅群数量小，很容易近亲繁殖。为了避免近亲繁殖，主要措施有：① 必须每隔几年从外地引进体质强健、生产性能优良的同品种公鹅进行配种。就是常说的："三年一换种"、"异地选公鹅，本地选母鹅"等。② 严格淘汰出现生产性能下降、体质差的鹅，加强饲养管理。

（二）杂交选育

不同品种间的公母鹅交配称为杂交。杂交之后得到的后代常常表现出生命力强、成活率高、生长发育快、产蛋产肉多、饲料报酬高、适应性和抗病力强的优点，所以在生产中广泛运用。目前，实际生产中最常用的杂交方法是简单杂交，即选用具有不同优良生产性能公母鹅进行交配获得后代。需要注意：①注意杂交公母鹅的选择。用来杂交的母鹅要求繁殖性能好，产蛋数量多，个体要相对较小，以便节约饲料，降低种鹅的生产成本。公鹅则要求个体大、生长速度快、饲料利用率高、肉质好的品种。常用杂交母鹅有四川白鹅、豁眼鹅、籽鹅和太湖鹅；公鹅有莱茵鹅、皖西白鹅等。②注意杂交后种蛋的受精率。杂交的目的不仅是子代生长快，也要获得大量的雏鹅，如果杂交后种蛋的受精率差，直接影响经济效果。如本交的情况下，父本的体型过大，受精率大幅降低。如使用我国的狮头鹅作为父本，与中小型鹅杂交，受精率很低。采用人工授精可以大幅度提高受精率。

二、鹅的繁殖技术

（一）自然交配法

自然交配即在没有人工的干预的情况下的交配过程（图3-22）。鹅有水上交配的习性，其受精率比陆上交配高。掌握鹅的下水规律，使鹅能得到交配的机会，这是提高受精率的关键。因此，种鹅饲养场应具备清洁的游水场地。或者，种鹅应饲养在水源比较丰富的地方，如浅河、池塘或水池等地。单群饲养的公鹅应在多数母鹅产蛋后放入配种，并适当延长配种间隔时间（每羽母鹅每隔5天配种一次为宜），以提高配种质量，减少公鹅饲养数，降低生产成本。同时，要求种鹅每天有规律地下水3~4次。第一次下水交配在早上，从栏舍内放出后即将鹅赶入水中，早上公母鹅的性欲旺盛，要求交配者较多，应注意观察鹅群的交配情况，防止公鹅因争配打架影响受精率。第二次下水时间在放牧后2~3小时，可把鹅群赶至水边让其自由下水交配。第三次在下午放牧前，方法如第一次。第四次可在入圈前让鹅自由下水。如舍饲，主要抓好早晚两次配种。配种环境的好坏，对受精率有一定影响，在设计水面运动场时面积不宜过大，过大因鹅群分散，配种机会少；过小，鹅群又过于集中，致使公鹅相互争配而影响受精率。人工辅助配种可以提高受精率，但比较麻烦，公鹅需经一段时间的调教，只适合在农家散养及小群饲养情况。

在自然支配条件下，合理的性比例和繁殖小群能提高鹅的受精率。一般大型鹅种公母配比为1:（3~4），中型1:（4~6），小型1:

（6~7）。繁殖配种群不宜过大，一般以50~150只为宜。为了使每只母鹅都能与公鹅交配，提高种蛋的受精率，或者公母鹅体型差异悬殊，自然交配比较困难，可实行人工辅助配种。其方法是：在水面或地面上捉住母鹅的两腿和两翅膀，轻轻摇动引诱公鹅接近，公鹅看到就会主动接近配种。当公鹅踏上母鹅背时，一只手托住母鹅，另一只手把母鹅尾羽向上提起。人工辅助配种时，最好是间隔5~6天给母鹅配种1次，一只公鹅一天可配3~5只母鹅。

图3-22　鹅的自然交配

（二）人工授精技术

鹅的人工授精就是对公鹅进行人工方法采集公鹅精液，再用输精器注入母鹅输卵管内的配种方法。人工授精具有提高种公鹅的利用率、减少公鹅饲养量、节省饲养成本等优点。采精所用器械主要有集精杯、保温杯、卡介苗注射器、65%酒精棉球、镊子、剪刀、瓷盘等。

公鹅的采精方法有按摩法（图3-23）、台禽诱情法、假阴

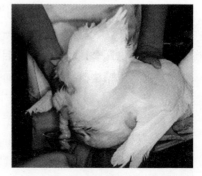

图3-23　鹅的背腹式按摩采精法

道法和电刺激法，前两种方法在生产中使用较多。一般情况下，每天采精1次，连续5~6天，休息1~2天。目前多数是采用背腹式按摩采精法。采精由两人操作，一人保定，一人采精。保定员双手将公鹅双腿和翅膀握住置于腋下固定，头朝后，尾向前；采精员左手拇指和其他四指自然分开，贴在公鹅背部两翅内侧，向尾部区域轻快按摩并往返数次，待引起公鹅性反应时，立即翻转左手，并以左手掌将尾羽向背部拨，使其向上翻，拇指和食指放在勃起的交配沟两侧，向交配器进行按摩并适当挤压，右手从下面握住泄殖腔环，按摩8~10秒；同时，左手在公鹅背部按摩4~5次后再挤压公鹅的尾部，而右手有节奏地挤压泄殖腔环，使鹅的阴茎勃起，手背紧贴公鹅腹部柔软处触动按摩几次，待有精液排出时把集精杯口转到交配器下承接精液，在右手的食指和中指夹一小团棉花，采精时发现有尿酸盐流出，即用棉花擦去，防止污染精液。以玻璃集精杯收集精液，也可用10毫升三角量筒代替。公鹅采取轮换采精，一般每周3次。正常精液外观乳白色，不透明，精液采出后须放到不低于15~18℃的较高温度环境，冬天放在30~35℃的水浴中。精液采出后要在30分钟内输完。

按摩法采精要特别注意公鹅的选择和调教。要选择具有交配欲望的公鹅作采精之用，并采用合理的调教日程，使公鹅迅速建立起性条件反射。调教良好的公鹅只需背部按摩即可顺利取得精液，同时可减少由于对腹部的刺激而引起粪尿污染精液。采精时按摩用力要适当，按摩手势不正确，按摩泄殖腔上部时挤压到直肠，往往会造成排粪。采精时，集精杯不要靠近泄殖腔，防止公鹅突然排粪造成精液污染。

输精对受精率和母鹅生殖道健康有很大影响，水禽的输精比鸡困难，因此要选用合适的输精器。目前，运用最为广泛的是阴道口翻出和直接插入输精法。

1. 阴道口翻出输精法

母鹅的输卵管可以翻出肛门外部，这样可简化鹅精液的输入操作。其操作方法是：使母鹅背部挟于工作者两腿之间，尾部向前面。输精时，操作人员以手掌施压力于母鹅腹部，同时用拇指与食指扩开肛门括约肌而露出输卵管，用1~2毫升的玻璃管将精液注入母鹅阴道内。应当要注意的是，由于母鹅泄殖腔较深，不同的母鹅在翻出阴道口难易程度上有很大的差异，有些母鹅需要两人配合操作才能将其阴道翻出。同时，在母鹅腹部施加压力后，有时其左右两边的输卵管均可翻出，因右侧输卵管无用，精液应由左边注入。

2. 直接输精法（图3-24）

助手将母鹅固定在输精台上，输精者面向母鹅的尾部，左手食指、中指、无名指和小指并拢，将鹅的尾羽拨向一边；大拇指紧靠着泄殖腔的下方，轻轻向下压迫，使泄殖腔张开。右手持输精器插入泄殖腔后，就向左下方插进，输精器便自然地插入输卵管口中，插入5~7厘米深处。此时左手拇指放松并稳住输精器，用右手输进所需鹅的精液量，输精人员每输完一只母鹅后，必须要用棉花擦净输精滴管口。

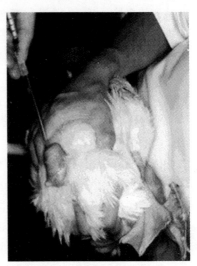

图3-24　鹅的直接输精法

（三）鹅反季节繁殖法

鹅的繁殖具有明显的季节性，我国大部分地区种母鹅一般从每年的9~11月开产到次年5月停产。鹅随季节性变化的繁殖特性，导致鹅种供应不平衡，致使产销严重失调，市场价格波动较大。鹅的反季节繁殖技术，是指在自然条件下种鹅不能繁殖的季节，通过人工调控光照、温度等环境因素，结合强制换羽使其持续高效生产的一种技术。反季节繁殖的核心是控制环境温度。环境温度不超过30℃，通过人工光照、营养调控等配套技术措施，种鹅完全可以四季产蛋。首先，种鹅选择要选择母鹅产蛋多、后代生长快的鹅种或杂交组合。推荐饲养四川白鹅或川府肉鹅、长白2号等父母代。这些种鹅的母鹅年产蛋可达 80~100 枚，后代 70 日龄体重可达 3.5 千克，种鹅的繁殖性能和商品代增重速度二者兼优。其次，强制换羽是改变种鹅产蛋时段的关键措施之一。通过强制换羽能有效调控种鹅的产蛋期，并将产蛋高峰集中在较理想的时间内。种鹅强制换羽全程需 60~90 天。如 10 月 10 日留的种苗，在 2 月进行强制换羽，5 月开始产蛋，7 月进入高峰。然后光照控制，每昼夜确保 15 小时的光照时间，自然光照不足的部分由早、晚两次加以补充。人工补充光照必须定时，否则将影响鹅的产蛋。适宜的光照强度是：40 瓦 /18 米^2，灯泡吊高 2 米，并经常将其擦拭干净，带罩效果更好。同时，做好冬季的防寒保暖工作，适于种鹅产蛋的湿度是 5%~25%。

采用鹅反季节繁殖法时要注意以下几点：① 鹅棚舍的顶部加盖草毡或塑料膜，后墙、山墙封严，前墙只留鹅的进出口，其他部分用透明塑料蒙严。② 棚舍内加铺 5~8 厘米清洁干燥的垫料，并谨防其霉变。③ 严禁舍内带水作业，保持舍内湿度不超过 65%，切忌高湿低温对种鹅造成重大危害。④ 上午晚放鹅，下午早圈鹅，雨雪寒潮天不放鹅，并严防鹅吃雪。⑤ 严禁种鹅吃冰冻的料，饮冰冻的水，以防下痢。在进行反季节繁殖时，满足营养需要的产蛋种鹅日粮的营养：粗蛋白 16.0%~17.5%、粗纤维 5%~6%、钙 2.2%~2.6%、磷 0.6%~0.7%、赖氨酸 0.69%、蛋氨酸 0.32%、食盐 0.2%。日粮饲喂 3 次，每只日喂量 0.15~0.2 千克，晚上 11：00 左右喂 1 次料效果更好。另外，还要经常供给 20%~25% 的青绿饲料，在舍内和运动场上设置料盆，并添加干净的贝壳粒让鹅自由采食，以满足种鹅对矿物质的需要。

第四节　种蛋孵化技术

一、孵化条件

鹅与其他家禽相似，配种后的蛋在体外适宜的条件下发育成长，この过程称之为孵化（图3-25）。因此，孵化过程中，外界条件诸如温度、湿度、空气等影响鹅蛋的发育。

图3-25 孵化（雏鹅出壳）

（一）温度

温度是鹅蛋孵化的首要条件。适宜的温度是孵化成败的关键，孵化温度过高过低都会影响鹅蛋的发育。一般来说，孵化初期，需要供给较多的热量；后期，鹅蛋自身能产生大量的生理热，需要的热量较少。因此，孵化期的温度控制一般是"前高、中平、后低"，再结合孵化季节、室温、孵化器以及鹅蛋的发育状况，做到"看胎施温"、"变中求恒，恒中有变，变中求稳"，灵活掌握。当前，孵化鹅蛋分恒温和变温两种方法。

1. 恒温孵化

恒温孵化的施温标准是1~28天孵化机内的温度37.8℃（孵化温度），孵化室内温度23.9~29.4℃（室温）；28天后孵化机内的温度37.5℃；孵化室内温度29.4℃以上。

2. 变温孵化

鹅蛋变温孵化的施温标准见表3-1。

表 3-1　鹅蛋变温孵化施温标准　　（℃）

室温 \ 品种	孵化温度					适孵季节
	1~6 天	7~12 天	13~18 天	19~28 天	29~31 天	
	38.1	37.8	37.8	37.5	37.2	冬季和早春
中型 23.9~29.4	38.1	37.8	37.5	37.2	36.9	春季
品种 29.4 以上	37.8	37.2	37.5	36.9	36.7	夏季
大型 23.9~29.4	37.8	37.5	37.5	37.2	36.9	春季
品种 29.4 以上	37.8	37.5	37.2	36.9	36.7	夏季

（二）湿度

湿度偏高，蛋内水分不易蒸发，影响胚胎发育；湿度偏低，蛋内水分蒸发快，容易造成绒毛与蛋壳膜黏连现象。此外，湿度对鹅胚破壳有直接关系，在湿度与空气中的二氧化碳的共同作用下，能使蛋壳变脆，便于雏鹅啄壳。有风机的大型孵化机进行鹅蛋孵化时，空气流通快，蛋内水分容易蒸发，这时，孵化机内湿度如果没有及时控制，就会影响孵化效果。一般来说，鹅蛋对湿度的要求较高，其需要范围是 60%~80%。孵化湿度掌握的原则是"两头高，中间低"。孵化前期，机内温度较高，所以，相对湿度需要大一些。一般前 10 天的相对湿度 70%~65%；中间 10 天，可降至 60%~55%；后 10 天，70%~75%。孵蛋在孵化过程中，常结合凉蛋降温，在鹅蛋上喷洒温水，以增加机内的相对湿度，使胚胎散热加强。

（三）空气（通风换气）

鹅胚胎在发育的过程中，不断吸入氧气，排出二氧化碳，所以环境中氧气含量不能低于 20%，二氧化碳的含量 0.3%~0.5%，最高允许量为 1.5%。如果孵化机内二氧化碳含量超过 1.5% 时，胚胎发育迟缓，死亡率增高，出现胎位不正和畸形等现象，降低孵化率和雏鹅质量。孵化初期，需要氧气较少，随着发育呼吸量逐渐增加，孵至最后两天，开始用肺呼吸，吸入的氧气和呼出的二氧化碳比孵化初期增加 100 多倍。因此，孵化机必须有良好的通风条件，保证提供足够

的新鲜空气。特别是孵化后期，通风量逐渐增大，尤其是出雏期间。如果通风换气不足，导致出雏前死胚增多。一般情况下，孵化前10天关闭风门，10天后根据孵化器的温度调整风门大小。

（四）翻蛋

翻蛋的作用是使胚胎各部受热均匀，避免与蛋壳黏连，使蛋的不同部位受热相似，并促进气体代谢，有利于营养吸收，提高孵化率。机器孵化有自动或半自动翻蛋系统，可根据需要定时翻蛋。一般每昼夜可翻蛋4~12次。在整个孵化期中，前期和后期的翻蛋次数不同，前期翻蛋次数要多些，开始孵化第一周每2小时翻一次，以后每天4~6次，而孵至最后3~4天，可停止翻蛋。我国传统翻蛋的角度以120°效果最好，动作要轻、慢、稳。

（五）凉蛋

凉蛋就是在短时间内使蛋温降低。其目的是帮助鹅蛋散发热量，促进气体代谢，改善血液循环，增强胚胎调节体温的能力，提高孵化率和雏鹅的品质。凉蛋的方法因孵化种类、孵化时间、孵化季节而异。孵化早期和寒冷季节凉蛋时间不宜过长，反之则适当延长。孵化早期凉蛋时间一般5~15分钟，后期可延长到30~40分钟。自然孵化时，母鹅每天离巢饮水、采食、排粪，这就是凉蛋活动。机器孵化时，照蛋、喷水也属于凉蛋工作，但经常性的凉蛋要每天进行。孵化前期，凉蛋的时间短一些，孵至第17天后，要逐渐增加凉蛋的时间。每天上午和下午各打开机门一次，关闭热源，只开风扇，并把蛋盘从蛋盘架上抽出1/3，再将温水喷洒在蛋上，至蛋表面温度下降至30~33℃。每天凉蛋的程度，以眼皮接触蛋壳感觉比较温和即可。凉蛋结束，将蛋盘推回机内，关闭机门，接通热源。

（六）其他条件

除上述条件外，还必须注意以下两点：一是种蛋要平放或大头（钝端）向上，以促进鹅蛋发育；二是孵化机内要保持黑暗，必要时才开灯照明，用后关闭；三是孵化室的环境要保持清洁，温度稳定。孵化室较理想的条件是，室温21~24℃，相对湿度50%~60%；室内空气新鲜，防止尘土飞扬，苍蝇进入等；要避免阳光直射或冷风直吹孵机；墙壁、地面和用具要清洁卫生，摆放整齐，并定期进行消毒。

二、孵化场和孵化设备

（一）孵化场

1. 孵化场场址的选择

孵化场选址的首要标准是防止污染，因此，孵化场应该是一个独立的隔离单位或部分。它应具备：① 地势高燥，排水良好。② 交通及通信条件良好。③ 水源充足，水质良好。④ 远离居民点（不少于1千米）。远离交通干线（不少于500米）和粉尘较大的工矿区。⑤ 配备发电设备，确保电力供应。

2. 孵化室建筑要求

孵化场用房的墙壁、地面和天花板，应选用防火、防潮和便于冲洗的材料，孵化场各室（尤其是孵化室和出雏室）最好为无柱结构，以便更合理安装孵化设备和操作。门高2.4米、宽1.2~1.5米，以利种蛋和蛋架车等的运输。地面至天花板高3.4~3.8米。孵化室与出雏室之间应设缓冲间，既便于孵化操作，又利于防疫。孵化场的地面要求坚实、耐冲洗。孵化设备前沿应开设排水沟，上盖铁栅栏（横栅条，以便车轮垂直通过），与地面保持平整。

3. 孵化室环境与设施要求

孵化厅的环境温度应保持在22~27℃，相对湿度60%~80%；要求孵化厅应有很好的排气设施，以便将孵化机中排出的高温废气排出室外，避免废气的重复使用。为向孵化厅补充足够的新鲜空气，在自然通风量不足的情况下，应安装进气巷道和进气风机，新鲜空气最好经空调设备升（降）温后进入室内，总进气量应大于排气量。

（二）孵化设备

良好的孵化设备应用可以提高孵化率和健雏率，节约能耗和资金，从而有效地提高经济效益和社会效益。因此，应根据孵化场的性质与规模，需要投入资金购置多种孵化设备，主要有供水设备、种蛋处理设备、孵化设备等。

1. 供水的设备

（1）水的软化剂和过滤器　对孵化场用水进行分析化验，如水中矿物质含量高，就必须使用软化剂或过滤。因为水中过量的矿物质会沉积于湿度控制器及喷嘴处，将无法运转，阀门也会因此关闭不全并发生漏水。

（2）热水器　可根据规模分别安装不同容积的工业用锅炉，规模小的可用电热水器、煤气热水器、太阳能热水器等。

2. 种蛋处理设备

（1）种蛋运输设备　如场内小车、半升降车等。尽量减少种蛋箱、种蛋盘和雏鹅运输箱等在场内的转运，可使用各种类型的小车，以便于搬运。此外，还有集蛋盘，鹅蛋在产蛋棚（箱）收集后，即被置于专制的集蛋盘上（可用鹅蛋孵化盘代替），以后用铲车进行运输。

（2）种蛋分级和清洗设备　为了提高孵化率，种蛋在入孵前都必须大小分级，有些场也将洗蛋作为一种常规工序。

把种蛋由集蛋盘放到孵化盘上，可使用特殊移蛋器（图3-26）。这种移蛋器将种蛋吸起，然后会缩小每排蛋的间距，使之适合将蛋置于孵化盘。

种蛋分级器（图3-27），可按要求对种蛋重进行分级，可使用自动分级器。好的分级器应功效高且造成种蛋破损率也低。

图3-26　特殊移蛋器

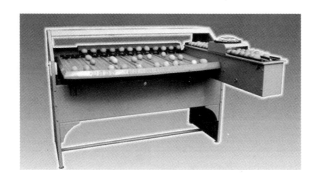

图 3-27　自动种蛋分级器

种蛋清洗机（图 3-28），一般来说清洗种蛋会对孵化率有影响，但种蛋很脏时必须清洗，而且也可减少蛋壳上的微生物。需要注意的是当清洗用水为循环使用时，则很快可被污染。

备用发电设备，当外界电力供应中断时，孵化场应配置备用发电设备和转换设备。当然也可采用人工转换，但必须安装报警系统，当正常供电停止时自动报警。

图 3-28　种蛋清洗机

3. 孵化设备

我国传统孵化法有平箱孵化法、炕孵化法和摊床孵化法，所涉及主要的孵化设备分别为平箱、孵缸、炕和摊床。随着科技的发展，机械通风孵化机性能已达到机械化、自动化、通用化和标准化，具有自动控温、机械翻蛋等诸多优点，已成为禽业生产的重要设备。

（1）传统孵化设备　孵化平箱（图 3-29）：平箱外形似一只长方形箱子，其上半部是孵化部分，下半部为热源部分。箱高 157 厘米，宽和深均为 96 厘米，箱身 4 根 157 厘米 × 5 厘米见方的木料做支柱，箱的四壁和门由砖砌成，也可用 2 层纤维板制成，要求保温性能良好。箱内部为一个能随轴心转动的7层三角形蛋架，蛋架上面的6层为盛蛋的蛋筛，底层放一个空竹匾，起缓冲温度的作用，平箱的下半部内部四角用泥涂抹成圆形，成为一个像锅灶样的炉膛，正面开有一长方形火门，并装有移动门。热源与箱身之间安放一块铁板，上面铺一层

图3-29 孵化平箱

稻草灰。作为温度缓冲层。平箱可单一个使用，也可以4个组成一组，孵量较大时，往往把多个平箱串起来。

火炕：火炕一般设在孵化室的一侧，另外一侧放置摊床，供孵化后期上摊床自温孵化，中间要设置走道。火炕用土坯搭成，其大小依据孵化室大小、孵化量而定。火炕由炉灶、炕洞、炕面、烟囱等几部分组成。炉灶设在火炕一端靠下的位置，用来烧火加温；烟囱设在火炕的另一端，向上延伸，高出孵化室顶部；炉灶和烟囱之间，设置多道炕洞，使炕面温度均匀一致；炕面上要抹上厚泥，四周加炕沿。

摊床：摊床为木制床式长架，长度与房屋长度相等，宽度以不超过两人臂长为宜，以便于两人对立操作。在木架上铺上木板或竹条编

图3-30 火炕摊床

1—火炕；2—摊床；3—摊床架；4—搭脚木

成的长度，上铺 5~10 厘米厚的稻草或刨花，铺平后上放席子。摊床边缘钉有 15~20 厘米高的木板，为了便于操作要在摊床架上装脚木或固定的梯子，这样上下方便。一般摊床与摊床之间的高度约 80 厘米，顶摊的宽度应比中摊窄 5 厘米。中摊又比下摊窄 5 厘米，下摊、中摊经常使用，顶摊只在中、下层不够时使用（图 3-30）。

（2）现代孵化设备　按通风方式：分为自然通风式和机械通风式两类。按孵化设备形状：分为平面式、平面分层式、柜式、房间式和巷道式。按箱壁结构：分为整装式与组合式两类。前者为一整体结构，后者将箱体预制多片构件，运到目的地后组装。按热源：分为电气、煤油、油电两用、煤电两用、木炭、煤气、太阳能、温泉等热源。按翻蛋方式：分为平翻式、栅条翻滚式、滚筒式、翘板式、蛋架车式。按操作程序分可分为：孵化机、出雏机、孵化 - 出雏通用机、旁出式联合孵化机、上孵下出式、机 - 摊联合式。因此，需要根据生产规模和生产目的选择合适的孵化机（图 3-31）。

图 3-31　孵化机

4. 其他设备

照蛋器（图 3-32）　孵化过程中需要照蛋，将无精蛋、死胚蛋剔除，分为手执式、箱式和盘式照蛋器。标准温度计孵化场应备有标准水银温度计（由当地气象部门检验），用以检测其他水银温度计或酒精（红色或蓝色）温度计、干湿球计，根据检测校正，正负多少度标于标签上，再黏贴于温度计上端。这样才能确保调节器的准确性，确保孵化的精确度。孵化场用压力泵以冲洗地板、墙壁、孵化设备、孵化盘和出雏盘等。而安排压力泵以提供必要的水压。压力泵的大小和功率可有不同，有些可移动，有些则固定安装。

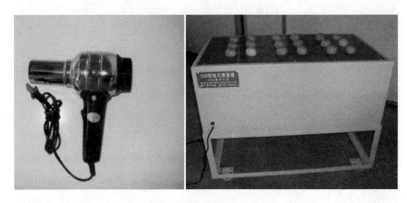

图3-32 照蛋器（左手执式 右箱式）

三、种蛋的管理

（一）种蛋的选择

种蛋质量是决定孵化率的直接因素。种蛋购自饲养环境良好、饲养管理严格、有种蛋种禽经营许可证的种鹅场，而且提供种蛋的种鹅生产性能优良、健康无病、繁殖力较高。

1. 选择标准

（1）新鲜程度 种蛋保存时间越长，蛋内营养物质会变质，孵化率逐渐下降。一般情况下，种蛋产出7天后，孵化率就开始逐渐下降，因此，种蛋产出后3~5天孵化效果最好，产出一周内的种蛋均为合格种蛋。

（2）大小和形状 首先要符合品种各自的要求，蛋重一般160~200克均可。其次蛋形以椭圆形为宜。过大或过小，过长、过圆或其他的畸形蛋，应予剔除。

2. 蛋壳

合格的种蛋具有壳质致密均匀，厚薄适当，表面平整，没有裂纹，敲击响声正常等特点，而且蛋壳清洁无污染。此外，不同品种的种蛋都有固定的色泽，挑选时要符合该品种的标准要求。下列几种属于不合格种蛋："沙壳蛋"，其蛋壳表面由于钙沉积不均匀，壳薄而粗糙，水分蒸发快，容易破碎；"钢皮蛋"，其蛋壳特别厚实，敲击时发出似金属的响声，导致孵化率极低（孵化时受热缓慢，气体不易交换，水分蒸发也慢，雏鹅啄壳困难）。略有污染的种蛋可用40℃的0.1%新洁尔灭液擦洗，然后抹干即可孵化。

3. 照蛋

使用照蛋器或验蛋台，通过光线观察蛋壳、气室、蛋黄等情况，选择无散黄、无血丝、无裂纹、无霉点及气室没有过大等的种蛋。

（二）种蛋的消毒

鹅蛋产出后易于被粪便、微生物污染，会导致保存时间短，孵化效率低等诸多问题。因此，种蛋的消毒非常重要。一般来说，种蛋产出后0.5小时内就需要对其消毒。目前，消毒方法主要有熏蒸法、溶液法和紫外线照射消毒法。熏蒸法既可用于种蛋保存前消毒，也可用于入孵和孵化过程消毒，而溶液法只能用于种蛋入孵前的消毒。

1. 熏蒸法（图3-33）

（1）福尔马林（40%甲醛溶液）熏蒸法　最广泛使用的消毒方法。将蛋置于可以密封的容器内，按每立方米体积用福尔马林30毫升、高锰酸钾15克的药量，

图3-33　种蛋熏蒸法消毒

消毒时在蛋架的下方置一瓷碗，先放入高锰酸钾，再倒入福尔马林，迅速封闭容器，熏蒸 20~30 分钟，取出种蛋送贮蛋室贮存。熏蒸时，室温最好控制在 24~27℃、相对湿度 75%~80%，消毒效果更理想。

注意事项：① 上述药物对 24~96（120）小时的胚胎有不利影响，消毒时应避免。② 应采用陶瓷或玻璃容器盛放。顺序为先加高锰酸钾，再加福尔马林。③ 种蛋从蛋库移入孵化场消毒室，其蛋壳上凝有水珠，熏蒸时对胚胎不利。因而消毒室内应提高室温，使水珠蒸发后再行消毒。而且当蛋的表面沾有粪便或泥土时，必须先清洗，否则影响消毒效果。④ 熏蒸消毒时要关闭门窗、进出气孔、风机。消毒后开启风机排出熏蒸气体，要及时开窗通风以防止工作人员吸入消毒气体。

（2）过氧乙酸熏蒸　过氧乙酸是一种高效广谱和快速的消毒剂。将蛋置于可以密封的容器内，按每立方米体积用含 16% 的过氧乙酸溶液 40~60 毫升，加高锰酸钾 4~6 克熏蒸 15 分钟。使用时应注意过氧乙酸遇热不稳定，如 40% 以上浓度加热至 50℃ 易引起爆炸，应在低温下保存。过氧乙酸无色透明，腐蚀性强，不能接触皮肤和衣服，消毒时应使用陶瓷或瓦制的容器，现用现配。消毒后要及时开窗通风以防止工作人员吸入消毒气体。

2. 溶液法

（1）溶液浸泡法　将种蛋在 0.1% 的新洁尔灭溶液中浸泡 5 分钟，然后取出晾干，送入孵化器。浸泡溶液的温度应略高于蛋温，这一点在夏季尤其重要。如果消毒液的温度低于蛋温，当种蛋浸入时由于受冷而使内容物收缩，形成负压，会使沾附于表面的微生物通过气孔进入蛋内，影响孵化效果。

（2）溶液喷洒法　孵化前，使用喷雾器直接将稀释的化学消毒剂喷洒在种蛋的表面。选择高效、无毒、广谱的消毒剂，如氯制剂、碘伏消毒剂等。

3. 紫外线照射消毒法

紫外线主要是通过对微生物（细菌、病毒、芽孢等病原体）的辐射损伤和破坏核酸的功能致死微生物，从而达到消毒的目的。将种蛋放在紫外线灯下40~80厘米处，照射10~20分钟即有杀菌消毒的效果。

（三）种蛋的保存

1.温度

保存种蛋最适宜的温度为10~15℃，如保存时间短（5天左右），可用15℃；保存时间长（超过5天），可略降低，以10~11℃为宜。室温低于0℃，会因受冻而降低孵化率。

2.湿度

保存种蛋较理想的相对湿度以70%~75%为好，湿度过大，种蛋容易长霉菌，湿度过低，会导致种蛋内水分大量散失。

3.翻蛋

保存期间注意翻蛋。保存时间1周内可不翻蛋，超过1周应每天翻蛋一次。

4.卫生

蛋库内要通风良好，清洁卫生；注意消灭鼠类、蚊蝇等昆虫。

5.保存时间

种蛋保存期越长，孵化率越低，故最好用新鲜蛋入孵。种蛋保存时间一般为：春季不超过7天，夏季不超过5天，冬季不超过10天。如有特殊需要必须较长期保存时，可采用充氮法保存。将种蛋置于塑料袋或其他容器中，填充氮气，密封，使种蛋处于与外界隔绝的环境里，减少蛋内的水分蒸发，抑制细菌繁殖，保存期可以适当延长。

（四）种蛋的装运

种蛋的装运要注意以下方面：① 启运前的包装，种蛋的蛋箱要坚实，有通气孔。② 装蛋时，每个蛋之间上下左右通常用纸屑或木屑、谷壳填充，不留空隙，以免松动时碰破。同时，蛋要竖放，钝端在上，每箱（筐）都要装满。然后整齐地排放在车（船）上，盖好防雨设备，冬季还要防风保湿，③ 运行时要平稳，以免颠簸引起蛋壳破裂，损坏种蛋。④ 到达目的地后，要及时开箱，取出种蛋，剔除破蛋。尽快消毒装盘入孵，千万不可贮放。此外，供种单位应开具引种证明，种蛋检疫应由当地卫生部门检验，开具检疫单。

四、孵化管理技术

（一）孵化方法与管理要点

1. 自然孵化法与管理要点

（1）**自然孵化法** 是利用母鹅抱性的本能孵化种蛋的方法，具有孵化设备简单，费用低廉，管理方便，孵化效果较好的特点，迄今仍为广大农民朋友养殖的主要方法。

（2）**管理要点** 选择有较强的抱性的母鹅，抱性的表现为连续3天蹲空窝，将其他母鹅产的蛋在腹下，且有羽毛耸立，呼气吓人，啄人手等行为。其次，孵蛋前的准备按种蛋要求选好种鹅蛋，并逐只编号，注明日期和批次，便于日后管理。孵窝的底部铺垫干燥、清洁和柔软的垫草，厚薄适宜。需要在夜里将抱窝母鹅放如孵化窝内，母鹅在黑暗的环境条件下，才能安心孵化。在孵化期需要人工辅助翻蛋，一般每天定时辅助翻蛋2~3次，并及时做好记录，以免重复或遗漏翻蛋工作。翻蛋时，应将母鹅从窝内移开，将边蛋与心蛋对换，面蛋与底蛋对换。定期照蛋取出无精蛋和死精蛋，并观察胚胎发育情况。照蛋后要及时并窝，多余的抱窝母鹅则进行醒抱或孵化新蛋用。头照在入孵后7~8天，二照为15天，三照在27~28天进行。

2. 人工孵化法

（1）**平箱孵化法与管理要点** 平箱孵化法操作主要步骤：① 检查有关设备仪器。② 涂蜡，木架涂蜡使其润滑转动。③ 试温，对平箱关门升温，需达45.6℃以上，注意缝隙的修补。④ 按常规标准选蛋、码蛋。⑤ 入孵、调温。码蛋后，将蛋筛放进箱内关门、塞上火门，慢慢升温，箱温达到38~38.31℃时，进行第1次调筛，箱温达到38.9℃时，进行第2次调筛并翻蛋。每40分钟需测温1次。蛋温达38.9~39.4℃时进行第3次调筛翻蛋。经过3次调筛、2次翻蛋后，蛋温一般可达均匀，中间蛋筛也达38.3~38.9℃，此即俗称的

"做匀"。此期采取火门松开、盖炭灰使温度保持39.4~40℃。从升温到"做匀"须经15小时（下午3~4时入孵，匀温到第2天6~7时）。如温度低，则增加木炭、箱上加盖棉被、升高室温等。看胎施温，达到正常胚胎发育所需温度后，关火门或盖炭灰，待孵蛋到了能自身产温时，应关火门。掌握好孵化温度是关键，不能超过温度警戒线。

（2）缸孵法与管理要点　缸孵法需准备孵缸及蛋箩等。缸孵法的缸孵期又分为两个阶段，即新缸期和陈缸期。缸期5天。种蛋大缸前首先加木炭生火烧缸，除净缸内潮气。一般预烧3天，使缸内温度达39℃以上开始孵化。入孵3小时后开始翻蛋，缸孵的翻蛋方法有3种，依胚胎发育时期而异。

缸孵期的蛋温，在孵化头两天大致保持在38.5~39.0℃，第3~10天保持38℃。上摊以后温度的掌握与炕孵法相同。每次翻蛋时要掌握所需的温度，一般翻前温度要升高些，翻后要保持平稳，每次翻蛋后要加温到所需的程度。温度低时盖严缸盖，温度高时可撑起缸盖调节。

（3）摊床孵化法与管理要点　摊床孵化是炕孵、缸孵或平箱孵化等传统孵化法后期普遍采用的一种方法。摊床孵化不用热源，依靠胚蛋后期的自发温度及孵化室的室温孵化，因而是一种十分经济的方法。鹅蛋在第15天后，即在第二次照蛋以后上摊。如果外界气温低，可以稍微推迟上摊时间。摊床孵化法的管理要点是上摊以后调节温度的工作，一定要调节好温度。

（4）机器孵化法与管理要点　用电孵机孵化鹅蛋，可根据鹅蛋的数量选用适当的电孵机，根据鹅蛋的大小，设计孵化蛋盘。孵化操作要点如下。

① 孵化前的准备。根据销售合同或本场需要雏鹅的数量、时间和种蛋供应情况制定孵化计划，合理安排入孵时间和入孵数量；在开机入孵前全面检查孵化器的电力供温、仪表测温、自动控温、翻蛋与通风等系统能否正常使用，测定孵化器内温度是否均匀，熟悉和掌握孵化机的性能和状态。试机运转1~2天正常后再开始入蛋孵化。为了防止临时停电事故，应有专用的发电设备或备用电源，电压不稳定

的地方应安装稳压器。

②上蛋。鹅蛋有分批入孵和整批入孵两种方式。分批入孵一般每隔 3 天、5 天或 7 天入孵一批种蛋，出一批雏鹅；整批入孵是一次把孵化机装满，大型孵化厂多采用整批入孵。机器孵化多为 7 天入蛋一批，机内温度应保持恒温 37.8℃（室温达 29~29.4℃），排气孔和进气孔全部打开。每 2~4 小时转蛋 1 次。值得一提的是，冬季或早春时节，入孵前应将种蛋在孵化室停放数小时预温，使蛋逐渐达到室温后再入孵，这样可防止因种蛋直接从贮蛋室（15℃左右）进入孵化机中（37.8℃左右）造成结露现象，影响孵化效果。另外，分批入孵时，各批次的蛋盘应交错放置，这样有利于各批蛋受热均匀。入孵的时间以下午 4 时以后为好，可使大批出雏的时间集中在白天，有利于工作的进行。

③照检。在孵化过程中应对入孵种蛋进行 3 次照检，入孵后 7 天第一次照检，剔出无精蛋和死胚蛋，如发现种蛋受精率低，应及时调整公鹅和改善种鹅的饲养管理。第 15 天进行第二次照检，将死胚蛋和漏检的无精蛋剔出，如果此时尿囊膜已在蛋的小头"合拢"，则表明胚胎发育正常，孵化条件的控制亦合适。第三次照检可结合落盘进行。

④落盘。孵化到 28 天，通过照检剔除死胚蛋后，把发育正常的蛋转入出雏器继续孵化，称之"落盘"。落盘时，如发现胚胎发育延缓，应推迟落盘时间。落盘后应注意提高出雏机内的湿度和增大通风量。

⑤出雏。出雏期间保持出雏器黑暗，以免引起雏鹅的骚动。出雏期间不要经常打开机门，以免降低机内温度、湿度，影响出雏整齐度。有 20%~30% 雏鹅出壳后第一次拣雏，以后每 2~3 小时拣雏一次即可。拣出绒毛已干的雏鹅和蛋壳。在出雏末期，对已啄壳但无力出壳的弱雏，可进行人工破壳助产。助产要在尿囊血管枯萎时施行，否则易引起大量出血，造成雏鹅死亡。雏鹅拣出后即可进行雌雄鉴别和免疫。

⑥统计分析。根据记录统计种蛋受精率、孵化率、健雏率，分析结果，以改进孵化条件和种鹅的饲养管理方法，提高孵化成绩。

五、孵化效果的检查

种蛋在孵化过程中，通过照蛋、称蛋重、解剖以及啄壳出雏时的一系列检查，可及时发现胚胎发育是否正常，了解胚胎死亡情况。一旦发现胚胎发育异常或死亡，就应认真地分析其原因，并采取相应的措施，以提高孵化效果和经济效益。

（一）照蛋

照蛋可以全面了解鹅蛋发育情况，了解所用的孵化条件是否合适。如孵化条件不合适即应调整，使胚胎发育正常，以利提高孵化效果。照蛋时要拣出无精蛋和死胚蛋。拣出的无精蛋可供食用，仍有商品价值；剔除死胚蛋和破裂壳蛋，可防止因其变质腐败而污染活胚蛋和孵化机，保持机内清洁卫生。

1. 照蛋方法

照蛋是利用蛋壳的透光性，通过阳光、灯光透视所孵的种蛋。目前，多采用手持照蛋器，也可自制简便照蛋箱（图3-34）。照蛋时将照蛋器透光孔按在蛋的大头逐个点照，顺次将蛋盘的种蛋照完为止。此外，还有装上光管和反光镜的照蛋框，将蛋盘置于其上，佩戴变色眼镜，可一目了然地检查出无精蛋和死胚蛋。

图3-34　照蛋箱与照蛋器照蛋

为了增加照蛋的清晰度，照蛋室需保持黑暗，最好在晚上进行。照蛋之前，如遇严寒应加热，将室温提高至28~30℃。照蛋时的操作力求敏捷准确，如操作过久会使蛋温下降，影响胚胎发育而延迟出雏。

2.照蛋次数与正常蛋与异常蛋的区分

种蛋在孵化期中，照蛋的次数视孵化场的规模、孵化机类型以及照蛋器的类型而定。通常使用平面孵化机容蛋较少，分头照、二照和三照3次。立体式大型孵化机容蛋1万多枚，头照、三照2次全照，二照时只抽样检查尿囊膜是否在蛋的小头"合拢"。巨型巷式孵化机，孵蛋数更多，孵化条件稳定，如种蛋新鲜、受精率较高时，只在胚蛋转移到出雏机时进行1次照蛋。这种做法可减少工作量和破蛋率，但是不能及时剔除无精蛋和胚蛋，往往引起死胚蛋变质发臭，污染孵化机，所以，生产上头照十分必要。

3.各次照蛋的胚胎发育的强弱情况（图3-35)

图1　2日龄照蛋时的特征：蛋黄表面有一颗颜色稍深，四周稍亮的圆点，俗称"鱼眼珠"或"白光珠"

图2　3~3.5日龄照蛋时的特征：卵黄囊血管的形状像樱桃，俗称"樱桃珠"。

图3　4.5~5日龄照蛋时的特征：卵黄囊血管的形状像蚊子，俗称"蚊虫珠"，卵黄下部颜色稍深像月芽，故又称"月芽珠"。

图4　5.5~6日龄照蛋时的特征：转动蛋时，蛋黄不易跟随转动，俗称"钉壳"胚胎和卵黄囊血管形状像小蜘蛛，故又称"小蜘蛛"。

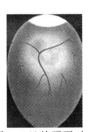

图5 6.5日龄照蛋时的特征:明显看到黑色的眼点,俗称"起珠"、"单株"或"起眼",还可以看到些许羊水。

图6 8日龄照蛋时的特征:胚胎形状似"电话筒",一端是头部另一端是驱干部,俗称"双珠",可以看到羊水。

图7 9日龄照蛋时的特征:白茫茫的羊水增多,胚胎似沉在羊水中,俗称"沉珠",正面已布满扩大的卵黄和血管。

图8 10日龄照蛋时的特征:胚胎较易看到,像在羊水中浮动一样,卵黄已扩大到背面并不易转动,俗称"边口发硬"。

图9 11~12日龄照蛋时的特征:背面尿素血管上部连在一起,并容易晃动,俗称"晃的动",下部尿囊血管伸展越出卵黄,故又称"发边"。

图10 14~15日龄照蛋时的特征:背面尿囊血管伸展在小头合拢,整个蛋除气室外都布满了血管,俗称"合拢"或"长足"。

图11 16日龄照蛋时的特征:血管开始加粗,血管颜色开始加深。

图12 17日龄照蛋时的特征:血管加粗,血管颜色逐渐加深。

图13 18日龄照蛋时的特征:小头发亮的部分逐日缩小。

图14 19日龄照蛋时的特征:小头发亮部分逐日缩小。蛋内黑影逐日增大。

图15 20日龄照蛋时的特征:小头发亮部分逐日缩小。蛋内黑影逐日增大。

图16 21日龄照蛋时的特征:小头发亮部分逐日缩小。蛋内黑影逐日增大。

图17　22~23日龄照蛋时的特征：以小头对准光源，再也看不到发亮的部分，俗称"关门"或"封门"。

图18　25日龄照蛋时的特征：气室向一边倾斜，这是胚胎转身的缘故，俗称"斜口"或"转身"。

图19　28日龄照蛋时的特征：气室内可以看到黑影在闪动，俗称为"闪毛"。

图20　30日龄照蛋时的特征：胚胎喙部穿破壳膜，伸入气室内，俗称"起嘴"，接着开始啄壳，俗称"啄壳"。

图3-35　禽胚发育不同时期照蛋

各次照蛋时胚胎发育的特征（通称蛋相标准），头照俗称"起珠"，二照称"合拢"，三照称"闪毛"。若75%以上胚蛋符合标准要求，只有少数胚蛋稍快或稍慢，死胚蛋占受精蛋总数的比率头照3%~5%、二照2%~4%、三照2%，就说明孵化条件掌握得当，胚胎发育正常。如果只有少数胚蛋符合要求，死胚蛋的比率低，这说明孵化温度偏低。如果绝大多数胚胎发育超过标准要求，而死胚蛋在同一日龄显著增多，这是短期超温所致。相反，胚胎发育绝大多数未达标准要求，这说明孵化温度偏低，造成胚胎发育缓慢。应立即采取措施降温或升温，排除温差，同时注意相应地调节湿度和通气。

（二）称蛋重

种蛋在孵化过程中，蛋重会逐渐减轻，表现为前快、中慢、后快。可通过胚蛋失重大小来判断孵化条件及胚胎发育是否正常。入孵前，将蛋盘称重，装上种蛋后再次称重。在总重中减除蛋盘的重量即入孵时的重量（计算平均蛋重）。入孵蛋多可按5%~10%比例抽测，以后定期称重时应减去无精蛋和死胚蛋数，求得活胚蛋的总重计算平均蛋重。先算出本次称重所减轻的百分率，然后根据鹅胚蛋在孵化期中的减重率进行核对，检查是否相符。如不相符，应根据失重率相差的高低幅度来调整孵化设备的湿度。一般情况下，鹅孵化 25 天时，蛋重就会减轻到原来蛋重的 11%~12.5%。有经验的孵化师傅，只要检查气室大小就能判定孵化湿度及胚胎发育是否正常。

（三）啄壳、出雏和雏鹅的观察

1. 啄壳和出雏的观察（图 3-36）

胚蛋转移出雏机后直至出雏时，要观察胚胎啄壳和出雏的时间、啄壳状态、大批出雏及最后出雏时间是否正常。一般会出现以下几种情况。

① 壳被啄破，但幼雏无力将壳孔扩大，这是温度太低、通风不良或缺乏 B 族维生素所致。

② 啄壳中途停止，部分幼雏死亡，部分存活。这可能是孵化过程中，种蛋大头向下、转蛋不当、湿度偏低、通风不良、短时间超温、温度太低等原因造成。

③ 正常的出雏时间从开始出雏至全部出雏约持续 35 小时，啄壳整齐，出壳雏鹅大小强弱一致，死胎蛋占 6%~10%，说明种蛋的品质优良，孵化条件掌握正确。如果出雏时间提早，幼雏脐部带血，弱雏中有明显"胶毛"现象，死胎蛋超过 10%，但二照时胚胎发育正常，则可能是二照之后温度过高或湿度太低所致。相反，出雏时间推迟，体质差、腹大、脐环凸起的弱雏较多，死胎明显增加，但二照时胚胎发育正常，这可能是二照之后温度偏低、湿度偏高所致。出壳时间拖延，与种蛋贮存太久，贮存不当，大小蛋、新旧蛋混在一起入孵，孵化过程中温度维持在最高界限或最低界限的时间过长，通风不良有一定关系。

2. 雏鹅的观察

雏鹅出壳后，应注意观察其活力、结实程度、体重、蛋黄吸收情况，以及绒毛色泽、整洁和长短程度等。正常良好的雏鹅体格健壮，精神活泼，体重合适，绒毛整洁、色泽鲜艳、长短合适，脐环闭合平整，腹部收缩良好。此外，还要注意雏鹅有无瞎眼、弯喙、躯肢畸形、卷趾、骨骼异常弯曲站立不稳等情况。幼雏壳膜黏连，是因为温

度高，种蛋水分蒸发过多，或湿度太低，翻蛋不正常所致；脐部收缩不良、充血，是由于温度过高或温度变化过剧、湿度太高、胚胎受感染所致。幼雏腹大而柔软，脐部收缩不良，是因为温度偏低、通风不良、湿度太高所致。胎位不正，畸形雏多，原因是种蛋贮存过久或贮存条件不良、翻蛋不当、通风不良、温度过高或过低、湿度不正常、种蛋大头向下、用畸形蛋孵化、种蛋运输受损等。

图 3-36　雏鹅出壳

（四）死胚蛋和出雏后蛋壳内容物检查

1. 死胚的剖检

剖检死胚可以查明胚胎死亡的原因。种蛋品质不良和孵化条件不适当时，死胚往往出现许多病理变化，因此，每次照蛋后，特别是最后一次照蛋和出雏结束时，如胚胎死亡数超出正常死亡数，应解剖。检查死胚外部形态特征，判别死亡日龄，然后剖检皮肤、肝、胃、心脏、肾、胸腔、腹腔以及气管等组织器官，注意其病理变化，如贫血、充血、出血、水肿、肥大、萎缩、变性以及畸形等，从而分析其致死原因。

死胚蛋的剖检在孵化过程中，如没有观察胚胎发育情况，当出雏时发现孵化率下降，可通过死胚蛋的解剖进行诊断，查明原因。方法如下，随意取 50 个死胚蛋煮熟后剥壳观察，如部分蛋壳被蛋白黏住，说明胚胎发育不正常引起后期吸收不良。这是孵化前期即在孵化机里胚龄 18 天前出的问题；如果蛋壳整个都能剥落，表明尿囊合拢良好，是后期的问题；如果死胚浑身裹蛋白，是在 18~22 天时出的问题，因为 25 天左右的胚龄时，其蛋白应全部吞完；如死胚身上已无蛋白，那是 25 天到出壳期间温度掌握不当，特别是偏高产生的问题；如出雏时温度偏高，常出现"血嘌"（啄壳部位淤血，是由于鹅胚受热而啄破尚未完全枯萎的尿囊血管出血所致）、"钉脐"（肚脐有黑血块，因鹅胚受热而提前出壳，尚未枯萎的尿囊血管的血淤在肚脐处）、"穿嘌"（挣扎呼吸，喙部突出）、"拖黄"（肚脐处拖有尚未完全进入腹中的卵黄）、"吐黄"（啄壳部位破裂的卵黄囊中的卵黄往外淌，雏鹅挣扎而弄破卵黄囊所致）。凡是蛋白吸收不良的死胚蛋都有"裹白"、"吐清"（啄壳部位没吸收完的蛋白往外淌）、"胶毛"（出壳雏鹅的绒毛被蛋白黏连）等现象。

2. 出雏后蛋内残留物检查

检查出雏后蛋内残留的尿囊、胎粪和蛋壳内壳膜，如发现有红色血样物，则表明湿度不够。适当地喷些水将有利于出壳，因为正常温湿度条件下，出壳后蛋壳内壁很干净。

第四章

做好鹅场建设及环境控制

鹅场建设好坏直接影响场区的环境状况、生产效率以及持续发展，所以，必须搞好鹅场建设。鹅场建设要从场址选择、鹅舍的建筑、设备与用具、场区环境保护及卫生防疫设施等方面综合考虑，尽量做到完善合理。

第一节　鹅场的设计

一、鹅场的选址及要求

1. 地形、土质、地势与气候

鹅场地面要平坦，或向南或东南稍倾斜，背风向阳，场地面积大小要适当，土壤结构最好是沙质壤土，这种土壤排水性能好，能保持鹅场的干燥卫生。地势的高低直接关系到光照、通风和排水等问题，鹅场最好有树木荫蔽、排水方便、不受洪涝灾害影响，尽量减弱严寒季节冷空气的影响，并有利于防疫、处理粪便、排除污水等。在山区建场，应选择在坡度不大的山腰处建场，见图4-1。

了解鹅场所在地的自然气候条件，如平均气温、最高最低气温、降雨量与积雪深度、最大风力、常年主导风向、日照及灾害天气等情况。在沿海地区建场要考虑台风的影响及鹅舍抗风能力。夏季最高气温超过40℃的地方，不宜选作场址。

图 4-1　鹅场选建在坡度不大的山腰处

2. 水源与电源

选择场址时，对鹅只的饮水、清洗卫生用水以及人员生活用水等用水量要作出估计，特别是旱季供水量是否充足，要做详细调查，以保证能长期稳定的用水。水源以深层地下水较为理想，其次是自来水。如果采用其他水源，应保证无污染源，有条件的应请卫生部门分析水质，同时要进行定期检测。大型鹅场最好能自辟深井，以保证用水的质量。

鹅场孵化、育雏等都要有照明、供温设备，尤其是大型鹅场，无论是照明、孵化、供温、清粪、饮水、通风换气等，都需要用电，因此，鹅场电源一定要充足。要配有专用电源，在经常停电的地区，还必须有预备的发电设备。

3. 草场与水场

鹅是草食家禽，如果有条件，鹅场应选在草场面积广阔、草质柔嫩、生长茂盛的地方，让鹅采食大量的青草（图 4-2）。草场的好坏与鹅场的经营效益密切相关，草场好既可节省精饲料，又可提高母鹅的产量和蛋的孵化率。

图 4-2　鹅场临近草场有利于鹅的放牧

　　水场要建在河流、水塘、湖泊或小溪的附近，以水速平稳的流动水最理想。其中以沙质河底的河湾为最佳，泥质河底的河湾次之，再次是有斜坡的山塘或水库。水场水深以 1~1.5 米为宜，水岸以 30°以下的缓坡为好，坡度过大则不利于鹅上岸、下水。为便于水场管理，可对自然水源进行扩建和改造（图 4-3），若无合适的自然水源也可自建水池（图 4-4）。

图 4-3　改造水场

图 4-4　自建水池

　　4. 其他

　　鹅场位置应选择交通方便的地方，以保证饲料、产品及场内物资运输的畅通。鹅场与主要交通干线要有一定的距离（最好在 1 000 米以上），以防止疫病的传播和外界环境的影响。

鹅场要远离居民生活区、厂矿企业、旅游点等场所，以保证场内有一个安静、舒适的环境。此外，风俗习惯对产品销路影响很大，因此，肉鹅场应建在肉鹅销量或出口量较大的地方，种鹅场则应建在有养鹅习惯的地方。

场址最好是没养过牲畜和家禽的地方。鹅场每天排出的污水量相当大，要综合考虑纳污能力、排水方式、污水去向、与其他人畜饮水源的距离等因素。

场地要合理规划，要有利于农、林、牧、副、渔综合利用，也要考虑将来鹅场发展扩大的可能性。

二、鹅场的合理规划与布局

实际工作中鹅场规划布局应遵循以下原则：① 便于管理，有利于提高工作效率；② 便于搞好防疫卫生工作；③ 充分考虑饲养作业流程的合理性；④ 节约基建投资。

1. 分区规划

鹅场通常根据生产功能分为生产区、管理区或生活区和隔离区等（图 4-5）。

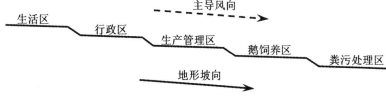

图 4-5　地势、风向分区规划

（1）生活区　生活区或管理区是鹅场的经营管理活动，与社会联系密切，易造成疫病的传播和流行，该区的位置应靠近大门，并与生产区分开，外来人员只能在管理区活动，不得进入生产区。场外运输车辆不能进入生产区。车棚、车库均应设在管理区，除饲料库外，其

他仓库亦应设在管理区。职工生活区设在上风向和地势较高处，以免相互污染。

（2）生产区　是鹅生活和生产的场所，该区的主要建筑为各种畜舍、生产辅助建筑物。生产区应位于全场中心地带，地势应低于管理区，并在其下风向，但要高于病畜管理区，并在其上风向。生产区内饲养着不同日龄段的鹅等，因为日龄不同，其生理特点、环境要求和抗病力也不同，所以在生产区内要分小区规划，育雏区、育成区和成年区严格分开，并加以隔离，日龄小的鹅群放在安全地带（上风向、地势高的地方）。种鹅场、孵化场和商品场应各自分开，相距300~500米。饲料库可以建在与生产区围墙同一平行线上，用饲料车直接将饲料送入料库。

（3）病畜隔离区　主要用来治疗、隔离和处理病鹅。为防止疫病传播和蔓延，该区应在生产区的下风向，并在地势最低处，且远离生产区。焚尸炉和粪污处理地设在最下风处。隔离鹅舍应尽可能与外界隔绝。该区四周应有自然的或人工的隔离屏障，设单独的道路和出入口。

2．鹅场布局

（1）鹅舍间距　影响鹅舍的通风、采光、卫生、防火。鹅舍密集，间距离过小，场区的空气环境容易恶化，微粒、有害气体和微生物含量过高，增加病原含量和传播机会，容易引起鹅群发病。为了保持场区和鹅舍环境良好，鹅舍之间应保持适宜的距离。

（2）鹅舍朝向　指鹅舍长轴与地球经线是水平还是垂直。鹅舍朝向的选择与通风换气、防暑降温、防寒保暖以及鹅舍采光等环境效果有关。朝向选择应考虑当地的主导风向、地理位置、采光和通风排污等情况。鹅舍一般坐北朝南，即鹅舍的纵轴方向为东西向，对我国大部分地区的开放舍较为适宜（图4-6）。这样的朝向，在冬季可以充分利用太阳辐射的温热效应和射入舍内的阳光防寒保温；夏季辐射面积较小，阳光不易直射舍内，有利于鹅舍防暑降温。

图 4-6 鹅舍一般要坐北朝南

（3）储粪场 鹅场设置粪尿处理区（图 4-7）。粪场靠近道路，有利于粪便的清理和运输。贮粪场应设在生产区和鹅舍的下风处，与住宅、鹅舍之间保持有一定的卫生间距（30~50 米）。并应便于运往农田或其他处理；贮粪池的深度以不受地下水浸渍为宜，底部应较结实，贮粪场和污水池要进行防渗处理，以防粪液渗漏流失污染水源和土壤；贮粪场底部应有坡度，使粪水可流向一侧或集液井，以便取用；贮粪池的尺寸应根据每天牧场家畜排粪量和贮藏时间而定。

图 4-7 鹅舍附近设置贮粪池等设施

（4）道路和绿化　场区道路要求在各种气候条件下都能保证通车，防止扬尘。应分别有人员行走和运送饲料的清洁道、供运输粪污和病死鹅的污物道及供产品装车外运的专用通道。清洁道也作为场区的主干道，宜用水泥混凝土路面，也可用平整石块或石条路面，宽度3.5~6.0米，路面横坡1.0%~1.5%，纵坡0.3%~8.0%为宜。污物道路面可同清洁道，也可用碎石或砾石路面、石灰渣土路面，宽度一般2.0~3.5米，路面横坡2.0%~4.0%，纵坡0.3%~8.0%为宜。场内道路一般与建筑物长轴平行或垂直布置，清洁道与污物道不宜交叉。道路与建筑物外墙最小距离，当无出入口时以1.5米为宜，有出入口时3.0米。

绿化不仅有利于场区和鹅舍温热环境的维持和空气洁净，而且可以美化环境，鹅场建设必须注重绿化，绿化率应不低于30%。树木与建筑物外墙、围墙、道路边缘及排水明沟边缘的距离应不小于1米。搞好道路绿化、鹅舍之间的绿化和场区周围以及各小区之间的隔离林带，搞好场区北面防风林带和南面、西面的遮阳林带等。

三、鹅舍的建筑设计

鹅舍的基本要求是冬暖夏凉，空气流通，光线充足，便于饲养管理，容易消毒和经济耐用。鹅舍可分为育雏舍、肉鹅舍、肥育舍、种鹅舍和孵化舍等5种，它们的具体建筑要求和条件也不一样。

1. 育雏舍

育雏舍的类型多种多样，屋顶形式有双坡式（图4-8）、半坡式和平顶等，生产中单坡式和双坡式较为常见。另外，为降低基建投入，还可选择使用塑料大棚（图4-9）。

育雏室建筑面积根据育雏方式、饲养密度、饲养数量和饲养鹅种的类型、周龄而确定。育雏舍的规格根据面积和场地情况确定，宽度一般为6~10米，房檐高2~2.5米，如果还饲养中鹅，可适当加高，有利于通风换气。

育雏舍要保温隔热，屋顶和墙壁选择导热性小的材料，并达到一

图4-8 双坡式屋顶

图4-9 塑料大棚育雏舍

定厚度。为增加保温性能可内设天花板；为保持舍内干燥，舍内地面应比舍外高25~30厘米，最好用水泥或砖铺成，以利于冲洗、消毒和防止鼠害；采光通风良好，窗与地面面积之比一般为1：(10~15)，舍内空气流通而无贼风。

2.后备鹅舍

也称青年鹅舍。育雏结束后鹅的羽毛开始生长，对环境温度抵抗力增强，鹅舍的保温要求不高。因此，后备鹅舍的建筑结构简单，基本要求是能遮挡风雨、夏季通风、冬季保暖、室内干燥。规模较大的鹅场，可参考育雏鹅舍建筑后备鹅舍。在南方只要建简易的棚架或鹅舍即可。要求鹅舍能做到遮雨、挡风，北方地区还要注意防寒。鹅舍

图4-10 后备鹅舍及水陆运动场

下部能适当封闭，防止敌害；上部敞开，增加通风量，夏季特别注意散热。南方至40日龄后，可半露宿饲养，因此，鹅舍外应有舍外水陆运动场（图4-10），鹅舍与陆地运动场面积的比例在1:2以上。每舍或每栏鹅群可扩大到200~300只，舍内密度大型鹅6~7只/米^2，中小型鹅8~10只/米^2。

3.种鹅舍

种鹅舍有单列式和双列式两种。双列式鹅舍中间设走道，两边都有陆上运动场和水上运动场，冬天结冰的地区不宜采用双列式。单列式鹅舍冬暖夏凉，较少受季节和地区的限制，故大多采用这种方式。单列式鹅舍走道应设在北侧。种鹅舍要求防寒，隔热性能要好，有天花板或隔热装置更好。屋檐高1.8~2.0米。窗与地面面积比要求1:(10~12)。特别在南方地区南窗应尽可能大些，气温高的地区朝南方向可以无墙。舍内地面用水泥或砖铺成，并有适当坡度（高出舍外10~15厘米）。饮水器置于较低处，并在其下面设置排水沟。较高处设置产蛋箱或在地面上铺垫较厚的垫料以供产蛋之用，鹅舍外有陆上和水上运动场。每栋种鹅舍以养400~500只种鹅为宜。大型种鹅每平方米养2~2.5只，中型种鹅养3只，小型种鹅3~3.5只。

种鹅舍外需设陆地和水面运动场（图4-11）。陆地运动场的面积应为鹅舍面积的1.5~2倍，周围要建围栏或围墙（花墙），一般高80厘米。周围种植树木，既可绿化环境，又可在夏季作凉棚。在陆上运动场与水面连接处，须用块石砌好，用水泥做好斜坡，坡度

图4-11　种鹅舍及室外运动场

25°~35°，斜坡要深入水中，与枯水期的最低水位持平。水上运动场周围可用竹竿或渔网围住，围栏深入水下，高出水面80~100厘米（最高水位时）。

4. 肉用仔鹅舍和填鹅舍

肉用仔鹅舍的要求与育雏鹅舍基本相同，但窗户可以大些，通风量应大些。要便于消毒。肉用仔鹅采用笼养和网上平养时房舍应适当高些。仔鹅育肥期间，每小栏15米²左右，可养中型鹅80~90只。有些地区饲养量较多时，常采用行栅、草舍、塑料大棚等简易鹅舍，这种鹅舍多采用毛竹、稻草、塑料布和油毛毡等材料制成，投资少、建造快，夏天通风，冬天保暖，是东南各省常用的建舍方法，饲养效果甚佳。肉用仔鹅后期育肥要求环境安静，光线暗淡，通风良好。平养育肥密度为大型鹅3~4只/米²，中小型鹅5~8只/米²。舍中栏圈单位应小些，一般以每群20~50只为宜，不应超过100只（图4-12）。为提高育肥效率或特殊育肥需要（如肥肝生产），最好选择离地育肥。离地育肥应保证通风、饮水供应充分，对肥肝生产还可实行单栏饲养。

图4-12　控制好饲养密度有利于肉鹅的生长和出栏

四、鹅场常用设备

1. 育雏设备

早春必须供温育雏，供温设备一般有红外线灯泡、煤炉、炕道等。红外线灯泡是最简便有效的升温方法，将其挂置在雏鹅主要的活动区域上方即可（图4-13）。用煤炉加温也是目前农村养殖常用的方法，除安装煤炉外还需科学地安装烟囱，一般烟囱高度要根据育雏舍大小合理安排，以保证烟囱或烟道能及时排出煤气，并起到给舍内升温的作用。由于育雏舍内经常铺用垫草，用煤炉时需注意防火。在育雏室内砌筑地火炕道供温是近年逐渐流行的一种畜禽舍升温方法，该法可增加室内育雏面积，可保持舍内升温均匀，且温度稳定，无煤气中毒的危险。这种地火炕道可在建造育雏舍时同时砌筑。育雏舍炉灶，火口在地下由4~5条砖砌的炕道通向另一头，集中在一个烟囱出口。灶内可燃烧砻糠、木屑等燃料，以保证坑道内温度均衡。育雏舍内均需用屯席将雏鹅围成小栏，屯席高20~30厘米，每一栏30~50只雏鹅。随着雏鹅的长大，圈栏可逐渐放大，并逐步并群。围栏上应放置竹竿。每4~5个屯席围栏就应留出一块干净的空

图4-13　地面平养育雏舍

地，约 2 米 ^{2}。准备 2~3 块相同大面积的塑料布，以备雏鹅活动、喂食、喂水之用。每一块这样的空地应配有 4~5 个饮水器具，可用毛竹劈成两半制作，也可用水盆，饮水器具的面积应以 1 次喂水时可同时有一半的雏鹅饮到水为宜。每一育雏舍内还应备有多个水桶、水勺、料桶，及专用的菜刀、砧板，以备切青饲料用。

育雏舍也可加大投入成本，建成离地平养的育雏栏（图 4-14），这样不仅舍内升温快，且可减少雏鹅与粪便的接触，从而进一步减少疾病的发生，提高雏鹅的成活率。

图 4-14　标准化网上平养育雏舍

2. 中鹅成鹅用喂料器和饮水器

育雏完毕后的中鹅应有适当高度的饮水器和喂料器，除传统市售自动饮水器和喂料器外（图 4-15），为节省成本亦可使用市售的大塑料盆或瓦盆（图 4-16），使用时为防鹅进入盆中，可在水盆槽周围用竹条围起塑料盆或瓦盆，使鹅能将头伸进啄食而不能踩进饲料盆。鹅龄较大时也可不用竹围，但盆必须有一定高度。盆上沿的高度应随鹅龄的增加而及时调整，原则上以鹅能采食为好。木制饲槽应适当加以固定，防止碰翻。也可自制水泥饲槽或饮水槽（图 4-17），水泥饲槽坚固耐用，饲槽长度一般为 50~100 厘米，上宽 30~40 厘米，下宽

20~30厘米，高10~20厘米，内面应光滑。

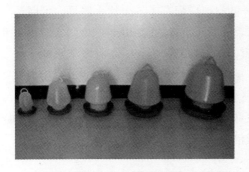
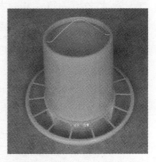

图4-15 市场上销售的自动饮水器和自动喂料器（适用于雏禽）

图4-16 大塑料盆或瓦盆也可做为中大鹅的饮水盆或喂料盆

图4-17 水泥饮水槽和料槽

3.围栏和旧渔网

放牧鹅群时应随身携带竹围或旧渔网（图4-18）。鹅群放牧一定时间后，将围栏或渔网围起，让鹅群休息。

图4-18　围栏和旧渔网在鹅场内的使用

4.产蛋箱和孵化箱

一般可不设产蛋箱，仅在种鹅舍内一角围出产蛋室让母鹅自由进出。育种场和繁殖场需作个体记录时可设立自闭式产蛋箱。天然孵化时应备有孵化箱。但也可用砖垒成孵化巢，孵化箱和孵化巢可做成上宽下小的圆形锅状巢。上直径40~45厘米，下直径20~25厘米，高35~45厘米。里面铺上稻草，孵化箱或孵化巢都应离地面高10~15厘米。巢与巢之间应有一定距离，以防止母鹅打架或偷蛋。

5.运输鹅的笼或箱

应有一定数量的运输育肥鹅或种鹅的笼子，可用竹子制成，长80厘米，宽60厘米，高40厘米。种鹅场还应有运种蛋和雏鹅的箱子，箱子应保温、牢固。此外，不管是何种鹅舍，均需备足新鲜干燥的稻草以作垫料之用，可在秋收时收购并贮备，苫上草帘或苫布，不使淋雨霉变。

第二节　鹅场的环境控制

一、环境对养鹅的影响

1. 水

鹅是水禽，放牧、洗浴和交配都离不开水。地面水一般包括江、河、湖、塘及水库等所容纳的水，主要由降水或地下泉水汇集而成，其水质和水量极易受自然因素的影响，也易受工业废水和生活污水的污染，常常由此而引起疾病流行或慢性中毒。大、中型鹅场如果利用天然水域放牧可能会对放牧水域产生污染，必须从公共卫生的角度考虑对水环境的整体影响。

2. 土壤

土壤中的重金属元素及其他有害物质超标会导致其周围水体、植物中相应物质增加，容易引起营养代谢病及中毒病。土壤表层含有的细菌芽孢、寄生虫卵、球虫卵囊等也易诱发相应疾病。

3. 空气

雏鹅对育雏室内的二氧化碳、氨气、硫化氢等有害气体十分敏感。当环境中二氧化碳的含量超过 0.51 克 / 千克、氨气超过 21 毫克 / 千克、硫化氢超过 0.46 毫克 / 千克时，雏鹅就会出现精神沉郁、呼吸加快、口腔黏液增多、食欲减退、羽毛松乱无光泽等症状。另外，鹅场周围工矿企业排放的有害气体（如氯碱厂的氯，磷肥厂的氟等）、悬浮微粒也会严重威胁鹅群健康。

4. 气候

自然气候条件（如平均气温、最高和最低气温，日照时间等）对鹅的生长发育、产蛋都有一定的影响。当然我们也可以通过人工条件的控制来减小其影响，但养殖成本相应也会增加。

二、控制养鹅环境

1. 建好隔离设施

鹅场周围建立隔离墙、防疫沟等设施，避免闲杂人员和动物进入；鹅场的大门口必须建造消毒池（图4-19），其宽度大于大卡车的车身，长度大于车轮两周长，池内放入5%~8%的火碱溶液并定期更换。生产区门口要建职工过往的消毒池，要有更衣消毒室。鹅舍门口必须建小消毒池，宽度大于舍门。

图4-19　场门处设置消毒池

鹅舍最好安装一些过滤装置，使臭气及灰尘被吸附在装置上；要建有粪污及污水处理设施，如三级化粪池等（图4-20）。粪污及污水处理设施要与鹅舍同时设计并合理布局。

图4-20　三级化粪池

2. 做好粪便处理

一般是将粪污用于农田，在将粪污用于农田时，一方面要了解粪污的性质，主要是氮、磷的含量和比例及其他成分（如重金属等）的含量；另一方面，要准确估计具体土地和作物所能消纳的营养成分，避免污染地下水，使农牧业有机地结合，保护生态环境，达到持续发展。粪便采集后最好先堆肥发酵后再用于农田，可以减少病原污染。

3. 病死鹅安全处理

（1）焚烧法　焚烧也是一种较完善的方法，但不能利用产品，且成本高，故不常用。但对一些危害人、畜健康极为严重的传染病病畜的尸体，仍有必要采用此法。焚烧时，先在地上挖一十字形沟（沟长约2.6米，宽0.6米，深0.5米），在沟的底部放木柴和干草作引火用，于十字沟交叉处铺上横木，其上放置畜尸，畜尸四周用木柴围上，洒上煤油焚烧，尸体烧成黑炭为止。或用专门的焚烧炉焚烧。

（2）高温处理法　此法是将畜禽尸体放入特制的高温锅（温度达150℃）内或有盖的大铁锅内熬煮，达到彻底消毒的目的。鹅场也可用普通大锅，经100℃以上的高温熬煮处理。此法可保留一部分有价值的产品，但要注意熬煮的温度和时间，必须达到消毒的要求。

（3）土埋法　是利用土壤的自净作用使其无害化。此法虽简单但不理想，因其无害化过程缓慢，某些病原微生物能长期生存，从而污染土壤和地下水，并会造成二次污染，所以，不是最彻底的无害化处理方法。采用土埋法必须遵守卫生要求，埋尸坑远离畜舍、放牧地、居民点和水源，地势高燥，尸体掩埋深度不小于2米。掩埋前在坑底铺上2~5厘米厚的石灰，尸体投入后，再撒上石灰或消毒药剂，埋尸坑四周最好设栅栏并作上标记。

（4）发酵法　将尸体抛入尸坑内，利用生物热的方法进行发酵，从而起到消毒灭菌的作用。尸坑一般为井式，深9~10米，直径2~3米，坑口有一个木盖，坑口高出地面30厘米左右。将尸体投入坑内，堆到距坑口1.5米处，盖封木盖，经3~5个月发酵处理后，尸体即可完全腐败分解。

在处理畜尸时，不论采用哪种方法，都必须将病畜的排泄物、各种废弃物等一并进行处理，以免造成环境污染。

4.使用环保型饲料

考虑营养而不考虑环境污染的日粮配方，会给环境造成很大的压力，并带来浪费和污染，同时，也会污染鹅的产品。由于鹅对蛋白质的利用率不高，饲料中50%~70%的氮以粪氮和尿氮的方式排出体外，其中一部分氮被氧化成硝酸盐。此外，一些未被吸收利用的磷和重金属等渗入地下或地表水中，或流入江河，从而造成广泛的污染。

资料表明，如果日粮干物质的消化率从85%提高到90%，那么随粪便排出的干物质可减少1/3，日粮蛋白质减少2%，粪便排泄量就降低20%。粪污的恶臭主要由蛋白质腐败产生，如果提高日粗蛋白质的消化率或减少蛋白质的供给量，那么，臭气物质的产生将大大减少。按可消化氨基酸配制日粮，补充必要氨基酸和植酸酶等，可提高氮、磷的利用率，减少氮、磷的排泄。营养平衡配方技术、生物技术、饲料加工工艺的改进、饲料添加剂的合理使用等新技术的出现，为环保饲料指明了方向。

5.绿化环境

在鹅场内外及场内各栋鹅舍之间种植常绿树木及各种花草，既可美化环境，又可改变场内的小气候、减少环境污染。许多植物可吸收空气中的有害气体，降低氨、硫化氢等有毒气体的浓度，恶臭明显减少，释放氧气，提高场区空气质量。此外，某些植物对银、镉、汞等重金属元素有一定的吸收能力；叶面还可吸附空气中的灰尘，以净化空气；绿化还可以调节场区的温度和湿度。夏季绿色植物叶面水分蒸发可以吸收热量，降低周围环境的温度；散发的水分可以调节空气湿度。草地和树木可以挡风沙，降低场区气流速度，减少冷空气对鹅舍的侵袭，使场区温度保持稳定，有利于冬季防寒；场周围种植的隔离林带可以控制场外人畜往来，利于防止疫病传播。

6.严格制度和监测

要真正搞好鹅场的环境保护，必须以严格的卫生防疫制度作保证。加强环保知识的宣传，建立和健全卫生防疫制度是搞好鹅场环境保护工作的保障，应将鹅场的环境保护问题纳入鹅场管理的范畴，经常向职工宣传环保知识，使大家认识到环境保护与鹅场经济效益和个人切身利益密切相关。制定切实的措施，并抓好落实。同时搞好环境监测，环境卫生监测包括空气、水质和土壤的监测，应定期进行，为鹅舍环保提供依据。

三、鹅场的杀虫与灭鼠

鹅场杀虫灭鼠主要以消灭载体和来源、预防感染为重要内容。鹅场附近的垃圾、污水沟、稻草堆经常是昆虫、老鼠的繁殖场所，所以，经常清除垃圾、碎片和稻草堆，搞好鹅场卫生，防止某些疾病具有非常重要的现实意义。

鹅场保持良好的通风，避免饮水机漏水，经常清除废物，减少蚊虫滋生，还应根据蚊蝇和节肢动物的活动季节，选择适当的杀虫药经常杀灭蚊、蝇；每月在鹅场内外和蚊子滋生地点喷洒杀虫剂（0.02%~0.05%）2次。

在老鼠经常出没的地方，如鹅舍、仓库、饲料加工厂、厨房、厕所以及职工宿舍周围，投放灭鼠药或在鼠洞内投放鼠药，消灭传播媒介。

四、鹅场的消毒

1.鹅舍消毒

当鹅群被全部销售或屠宰后，应对鹅舍进行彻底的消毒。先要清扫鹅舍，清除舍内的粪便、垃圾、污物及灰尘。清除垫料，把用过的垫料运往处理场地堆积发酵或焚烧，一般不再用作垫料。对鹅舍内的饲养用具，如饲槽、饮水器等先用清水浸泡刷洗，再用0.2%过氧乙酸浸泡或喷雾消毒。对鹅舍地面、墙壁和天棚等各个部分先刷洗晾干，再用百毒杀1：300倍稀释后喷雾消毒。在下批雏鹅进场前熏蒸消毒，可每立方米空间用福尔马林42毫升、高锰酸钾21克，加水20毫升，熏蒸24小时，关闭门窗。熏蒸消毒时，最好温度控制在20℃以上，相对湿度为60%~80%，消毒结束后再打开门窗排出残余气体。

2. 垫料消毒

垫料可使用稻草、霜棒草、刨花和锯末等，新换的垫料可能带霉菌、螨及其他昆虫等，因此，在搬入鹅舍前须翻晒消毒。垫料的消毒可用甲醛 – 高锰酸钾熏蒸，最好是用环氧乙烷熏蒸消毒，其穿透性能比甲醛强，且兼具有消毒与杀虫两种功效。

3. 孵化室消毒

每个养鹅场均应在孵化室通道的两端设置消毒池、洗手间和更衣室，工人及工作人员进出必须更衣、换鞋和洗手消毒。孵化器及其内部设施，如蛋盘、搁架、雏鹅箱、蛋箱、门窗、天棚、室内外地坪和过道等都必须清洗消毒。可用 0.2% 过氧乙酸溶液喷雾。第 1 次消毒后，在进蛋前还必须进行 1 次密闭熏蒸消毒。孵化室每立方米空间，可用福尔马林 28 毫升，高锰酸钾 14 克，水 10 毫升，熏蒸 20 分钟，确保下批出壳雏鹅不受感染。此外，孵化室的废物不能随便乱扔，必须妥善处理，因为蛋壳等带病原菌的可能非常大，稍有不慎就可能造成污染。

4. 育雏室消毒

在每批雏鹅进出前后，都必须清洗和消毒育雏室内所有工具、饲槽和饮水器等进行，可用百毒杀 1 : 300 倍的稀释液。对室内外地坪必须清洗干净，晒干后用药液喷雾消毒，可用 2% 氢氧化钠溶液。地面可用 10% 漂白粉乳剂喷洒。入雏前还必须再进行 1 次消毒，确保雏鹅不受感染。育雏舍的进出口也必须设立消毒池，在消毒池里放 2%~3% 氢氧化钠溶液脚踏消毒。洗手间、更衣室及工作人员进出也必须严格消毒，可用 1 : 300 的氯胺 –T（氯亚明）或 0.3%~0.5% 次氯酸钠消毒，穿上工作服，严防不慎带入病原菌。

5. 饮水消毒

在条件允许的养鹅场或养鹅户，应建立自己的饮水设施。如果饮用公共井水，自己应建立小型水池，按容量计算，每立方米水中加入漂白粉 6~10 克，搅拌均匀，可减少水源污染的危险。为了防止饮水器或水槽的污染，可升高饮水器或水槽，且随日龄的增加不断调节到适当的高度，保证饮水不受粪便污染，防止病原菌和内寄生虫的传播。

6. 饲料仓库与加工厂消毒

因为动物蛋白是传播沙门氏菌的主要来源，外来饲料中除可能带有沙门氏菌外，还可能带有肉毒梭菌、黄曲霉菌等有毒菌，必然造成饲料仓库和加工厂的污染。因此，仓库及加工厂必须定期消毒，杀灭各种有害病原微生物。饲料仓库的消毒可采用熏蒸灭菌法，此法简单、方便和效果好，可节省人力物力。同时，也应定期灭鼠和灭虫，消灭仓库虫害和鼠害。减少病原菌的传播。

7. 环境消毒

养鹅场的环境消毒包括鹅舍周围空地、场内的道路及进入大门的通道等。正常情况下除进入场内的通道要设立经常性的消毒池外，一般每半年或每季度用10%~20%的漂白粉乳剂或用1:40倍的次氯酸钠溶液进行喷洒消毒。出现疫情时，每1~2天消毒1次，防止疫情扩散。

第三节　鹅场粪污的无害化处理和综合利用

一、鹅场粪污对生态环境的污染

养鹅场在为市场提供鹅产品时，也在不断产生粪便和污水。污物多为含氮、磷物质，未经处理的粪尿一部分氮挥发到大气中增加了大气中的氮含量，严重的构成酸雨，危害农作物；其余的大部分被氧化成硝酸盐渗入地下，或随地表水流入河道，造成更为广泛的污染，致使公共水系中的硝酸盐含量严重超标。磷排入江河会严重污染水质，造成藻类和浮游生物大量繁殖。鹅的配合饲料中含有较高的微量元素，经消化吸收后多余的随排泄物排出体外，其粪便作为有机肥料播撒到农田中去，长此以往，将导致磷、铜、锌等其他有害微量元素在环境中的富积，从而对农作物产生毒害作用。

另外，粪便通常带有致病微生物，容易造成土壤、水和空气的污染，从而导致禽传染病、寄生虫病的传播。

二、解决鹅场污染的主要途径

1.总体规划、合理布局、加强监管

为了科学规划畜牧生产布局、规范养殖行为，避免因布局不合理而造成对环境的污染，畜牧、土地、环保等部门要明确职责、加强配合。畜牧部门应会同土地、环保部门依据《畜牧法》等法律法规并结合村镇整体规划，划定禁养区、限养区及养殖发展区。在禁养区内禁止发展养殖，已建设的畜禽养殖场，通过政策补贴等措施限期搬迁；在限养区内发展适度规模养殖，严格控制养殖总量；在养殖区内，按标准化要求，结合自然资源情况决定养殖品种及规模，对畜禽养殖场排放污物，环保部门开展不定期的检测监管，督促各养殖场按国家《畜禽养殖粪污排放标准》达标排放。今后，要在政府的统一指挥协调下对养殖行为形成制度化管理，土地部门对养殖用地在进行审批时，必须有畜牧、环保部门的签字意见方可审批。

2.提升养殖技术，实现粪污减量化排放

加大畜牧节能环保生态健康养殖新技术的普及力度。如通过推广生物添加剂的方法提高饲料转化率，促进饲料营养物质的吸收，减少含氮物的排放；通过运用微生物发酵处理发展生物发酵床养殖、应用"干湿粪分离"、雨水与污水分开等技术减少污物排放；通过"污物多级沉淀、厌氧发酵"等实现污物达标排放。在新技术的推动下，发展健康养殖，达到节能减排的目的。

3.开辟多种途径，提高粪污资源化利用率

根据市场需求，利用自然资源优势，发挥社会力量，多渠道、多途径开展养殖粪污治理，变废为宝。

三、粪便污水的综合利用技术

1.发展种养结合养殖模式

在种植区域建设适度规模的养殖场，使粪污处理能力与养殖规模相配套，养殖粪污通过堆放腐熟施入农田，实现农牧结合处理粪污。

2.实施沼气配套工程

养殖场配套建设适度规模的沼气池，利用厌氧产沼技术，将粪污转化为生活能源及植物有机肥，实现粪污资源再利用，达到减排的目的（图4-21）。根据对部分养殖场的调查，由于技术、沼渣沼液处置等多方面原因，农户中途放弃使用沼气池的现象较为普遍。因此，要加强跟踪服务工作，提高管理水平，避免出现沼气池成"摆设"。

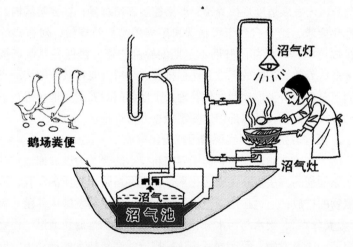

图4-21 养鹅场沼气配套工程

3.开展深加工，实现粪污商品化

从养殖业长期历史习惯以及养殖业主经济实力来看，按"谁污染谁治理"的原则，目前，多数规模养殖场（户）较难自行解决粪污治理问题。政府必须通过政策扶持、资金奖励等方式引导社会企业开发粪污处理技术，建设有机肥料加工厂。将养殖行业的粪污"收购"

后，运用现代加工技术生产成包装好、运输方便、使用简单、效果好的有机肥成品出售，为种植、水产养殖户提供生态、环保、物美价廉的有机肥料产品。既解决养殖污染问题，又充分利用资源，优化了种植和养殖环境，实现了资源循环利用。在条件成熟的情况下，也可依照城市垃圾发电的模式，开发利用养殖粪污发电等项目。

第五章

鹅的饲料营养及饲料调配

第一节　鹅的营养需要

鹅需要的营养物质，概括起来主要有蛋白质、碳水化合物、脂肪、无机盐、维生素和水。这些营养物质对于维持鹅的生命活动、生长发育、产蛋和产肉作用不同。只有保证这些营养物质在数量、质量及比例上均能满足鹅的需要时，才能保持鹅体健康，充分发挥其生产潜力。

一、能量

鹅对能量的需要包括维持需要和生产需要。影响能量需要的因素很多，如环境温度、鹅的类型、品种、不同生长阶段及生理状况和生产水平等。日粮的能量值在一定范围，鹅每天的采食量可由日粮的能量值而定，所以饲料中不仅要有一个适宜的能量值，而且与其他营养物质比例要合理，使鹅摄入的能量与各营养素之间保持平衡，提高饲料的利用率和饲养效果。

鹅的能量来源是饲料，饲料中的碳水化合物、脂肪和蛋白质分解可以供给鹅需要的能量。碳水化合物有无氮浸出物和粗纤维两类。无氮浸出物又称可溶性碳水化合物，包括淀粉和糖分，在谷实、块根、块茎中含量丰富，比较容易被消化吸收，营养价值较高，是鹅的热能和肥育的主要营养来源；粗纤维又称难溶性碳水化合物，其主要成分是纤维素、半纤维素和木质素，秸秆和秕壳中含量较多，纤维素通过消化最后被分解成葡萄糖供鹅吸收利用。粗纤维较难消化吸收，家禽日粮中粗纤维含量不能过高，否则，会加快食物通过消化道的速度，也影响其他营养物质的消化吸收。与其他家禽相比，鹅消化粗纤维能力较强，消化率可达 45%~50%。一般情况下，鹅的日粮中纤维素含量以 5%~8% 为宜，不宜高于 10%。如果日粮纤维素含量过低，不仅会影响鹅的胃肠蠕动，而且会妨碍饲料中各种营养成分的消化吸收，甚至易发生啄癖，因而，在成年鹅日粮中可适当配以粗糠、谷壳等含纤维较高的饲料。

脂肪和碳水化合物一样，在鹅体内分解后产生热量，用以维持体温和供给体内各器官活动时所需要的能量，其热能是碳水化合物或蛋白质的 2.25 倍。粗脂肪是体细胞的组成成分，是合成激素的原料，尤其是生殖激素大多需要胆固醇作原料。也是脂溶性维生素的携带者，脂溶性维生素必须以脂肪做溶剂在体内运输。当日粮中脂肪不足时，会影响脂溶性维生素的吸收，导致生长迟缓，性成熟推迟，产蛋率下降。但日粮中脂肪过多，也会引起食欲不振、消化不良和下痢。由于一般饲料中都有一定数量的粗脂肪，而且碳水化合物也有一部分在体内转化为脂肪，因此一般不会缺乏，不必专门补充，否则，鹅过肥会影响产蛋。但生产鹅肥肝时，必须搭配适量的脂肪。

蛋白质是鹅体能量的来源之一，当鹅日粮中的碳水化合物、脂肪的含量不能满足机体需要的热能时，体内的蛋白质可以分解氧化产生热能。但蛋白质供能不仅不经济，而且容易加重机体的代谢负担。

二、蛋白质

蛋白质是鹅体最重要的营养物质。饲料中蛋白质进入鹅的消化道，经过消化和各种酶的作用，将其分解成氨基酸之后被吸收，是构成鹅体蛋白质的基础物质，因此，蛋白质的营养实质上是氨基酸的营养。日粮中如果缺少蛋白质，会影响鹅的生长、生产和健康，甚至引起死亡。相反，日粮中蛋白质过多也是不利的，不仅造成浪费，而且会引起鹅体代谢紊乱、中毒等，所以饲粮中蛋白质含量必须适宜。

三、矿物质

矿物质是构成骨骼、蛋壳、羽毛、血液等组织不可缺少的成分，对鹅的生长发育、生理功能及繁殖系统具有重要作用。鹅需要的矿物质元素有钙、磷、钠、钾、氯、镁、硫、铁、铜、钴、碘、锰、锌、硒等，其中，前7种是常量元素（占体重0.01%以上），后7种是微量元素。饲料中矿物质元素含量过多或缺乏都可能产生不良后果。

（一）钙和磷

钙和磷是鹅体内含量最多的元素，主要构成骨骼和蛋壳，此外，还对维持神经、肌肉等正常生理活动起重要作用。缺乏会导致鹅食欲减退，体质消瘦，雏鹅易患佝偻病，成鹅产蛋量减少，产软壳蛋，甚至无壳蛋。在配合日粮时，钙、磷不仅要数量充足，还要比例适当。一般生长鹅日粮的钙磷比例为（1~1.5）∶1；产蛋种鹅为（5~6）∶1。一般谷物。（糠麸）中钙含量少，贝粉、石粉、骨粉等矿物质饲料中含量丰富。磷的主要来源是矿物质饲料、糠麸、饼粕类和鱼粉。鹅对植酸磷的利用能力较低，为30%~50%，而对无机磷的利用率高达100%。

（二）钠、钾和氯

钠、钾和氯三者对维持鹅体内酸碱平衡、细胞渗透压和调节体温起重要作用；缺乏钠和氯，可导致消化不良、食欲减退、啄肛啄羽等。食盐是钠、氯的主要来源，还能改善饲料的适口性，摄入量过多，轻者饮水量增加，便稀，重者会导致鹅食盐中毒甚至死亡。钾缺乏时，肌肉弹性和收缩力降低，肠道膨胀。在热应激条件下易发生低血钾症。

（三）镁和硫

镁是构成骨质必需的元素，酶的激活剂，有抑制神经兴奋性等功能。与钙、磷和碳水化合物的代谢有密切关系。镁缺乏时，鹅肌肉痉挛，步态蹒跚，神经过敏，生长受阻，种鹅产蛋量下降，神经过敏，易惊厥，出现神经性震颤。但过多会扰乱钙磷平衡，导致下痢。硫主要存在于鹅体蛋白、羽毛及蛋内。羽毛中含硫 2 %，缺乏时表现为食欲降低，体弱脱羽，多泪，生长缓慢，产蛋减少。动物体内硫约占0.51%，大部分呈有机态，以含硫氨基酸的形式存在于蛋白质中，以角蛋白的形式构成鹅的羽毛、爪、喙、跖、蹼的主要成分。鹅的羽毛中含硫量高达 2.3%~2.4%。硫参与碳水化合物代谢。当日粮中含硫氨基酸不足时，易引起啄羽病。因家禽能较好地利用含硫氨基酸中的有机硫，在日粮中搭配 1%~2.5% 的羽毛粉对预防啄羽病有良好效果。

（四）铁、铜和钴

铁、铜、钴三者参与血红蛋白的形成和体内代谢，并在体内起协同作用，缺一不可，否则就会产生营养性贫血。铁是血红素、肌红素的组成成分，缺铁时鹅食欲不振，生长不良，羽毛生长不良，雏禽红细胞血红蛋白过少，导致缺铁性贫血。以放牧为主的鹅，能采食到含铁较多的青绿饲料，一般不会缺铁。舍饲鹅或不放牧青饲料季节的鹅，日粮中应补铁。但过量的铁具有毒性，当每千克日粮中含铁达到5 克时，就会中毒。日粮中含铁量过多时，可引起营养障碍，降低磷的吸收率，体重下降，还可使鹅出现佝偻病。铜参与血红蛋白的合成及某些氧化酶的合成和激活。雏鹅缺铜时可发生贫血，生长缓慢，羽毛褪色，生长异常，胃肠机能障碍，骨骼发育异常，跛行，骨脆易断，骨端软组织粗大等。但日粮中铜过多也可引起雏鹅生长受阻，肌肉营养障碍，肌胃糜烂，甚至死亡。钴是维生素 B_{12} 的成分之一。

（五）锰、碘、锌和硒

锰是多种酶的激活剂，与碳水化合物和脂肪的代谢有关。锰是骨骼生长和繁殖所必需。缺锰时，雏鹅的踝关节明显肿大、畸形，腿骨粗短，母鹅产蛋量减少，孵化率降低，薄壳蛋和软壳蛋增加。但摄入量过多会影响钙、磷的利用率，引起贫血。碘是构成甲状腺必需的元素，对营养物质代谢起调节作用，缺乏时会导致鹅甲状腺肿大，代谢机能降低。锌是鹅生长发育必需的元素之一，能加速二氧化碳排出体外，促进胃酸、骨骼、蛋壳的形成，增强维生素的作用，提高机体对蛋白质、糖和脂肪的吸收，对鹅的生长发育、寿命的延长以及繁殖性能有很大影响。缺锌时雏鹅食欲不振，体重减轻，羽毛生长不良，毛质松脆，胫骨粗短，表面皮肤粗糙并起鳞片，母鹅产蛋量减少，胚胎发育不良，雏鹅残次率增加。硒与维生素 E 相互协调，可减少维生素 E 的用量，是蛋氨酸转化为胱氨酸所必需的元素。能保护细胞膜的完整，还对心肌起保护作用。缺乏时雏鹅皮下出现大块水肿，积聚血样液体，心包积水及患脑软化症。

四、维生素

维生素是一组化学结构不同，营养作用、生理功能各异的低分子有机化合物，蛋鹅对其需要量虽然少，但生物作用大，主要以辅酶和催化剂的形式广泛参与体内代谢的多种化学作用，从而保证机体组织器官的细胞结构功能正常，调控物质代谢，以维持鹅体健康和各种生产活动。缺乏时，可影响正常代谢，出现代谢紊乱，危害鹅体健康和正常生产。过去散养条件下，鹅可以采食到各种饲料，特别是青绿饲料，加之生产性能较低，一般较少出现维生素缺乏。而在集约化、高密度饲养条件下，鹅的生产性能较高，同时鹅的正常生理特性和行为表现被限制，环境条件恶化，对维生素的需要量大幅增加，加之缺乏青饲料的供应和阳光的照射，容易发生维生素缺乏症，必须注意添加以满足生存、生长、生产和抗病需要。维生素的种类较多，但归纳起来分为两大类，一类是脂溶性维生素，包括维生素 A、维生素 D、维生素 E 及维生素 K 等，另一类维生素是水溶性维生素，主要包括 B 族维生素和维生素 C。常见的维生素及其功能详见表 5-1。

表 5-1　常见的维生素及其功能

名称	主要功能	缺乏症状	主要来源
维生素 A	维持呼吸道、消化道、生殖道上皮细胞或黏膜的结构完整与健全，促进雏鹅的生长发育和蛋鹅产蛋，增强鹅对环境的适应力和抵抗力	雏鹅消化不良，羽毛蓬乱无光泽，生长速度缓慢；母鹅产蛋量和受精率下降，胚胎死亡率高，孵化率降低等；干眼病、夜盲症、呼吸道疾病	青绿多汁饲料、黄玉米、鱼肝油、蛋黄、鱼粉
维生素 D	参与钙、磷的代谢，促进肠道钙、磷的吸收，调整钙、磷的吸收比例，促进骨的钙化	雏禽生长速度缓慢，羽毛松散，趾爪变软、弯曲，胸骨弯曲，胸部内陷，腿骨变形；成年鹅缺乏时蛋壳变薄，产蛋率和孵化率下降，甚至发生产蛋疲劳症	鱼肝油、酵母、蛋黄、维生素 D_3 制剂
维生素 E	一种抗氧化剂和代谢调节剂，与硒和胱氨酸有协同作用，对消化道和体组织中的维生素 A 有保护作用，能促进鹅的生长发育和提高繁殖率。鹅处于逆境时的需要量增加	雏鹅发生渗出性素质病，形成皮下水肿与血肿、腹水，引起小脑出血、水肿和脑软化；成鹅繁殖机能紊乱，产蛋率和受精率降低，胚胎死亡率高	青饲料、谷物胚芽、木薯粉、维生素 E 制剂
维生素 K	催化合成凝血酶原（具有活性的是维生素 K_1、维生素 K_2 和维生素 K_3）	皮下出血形成紫斑，而且受伤后血液不易凝固，流血不止以致死亡	青绿多汁饲料、鱼粉、肉粉、维生素 K 制剂。

名称	主要功能	缺乏症状	主要来源
维生素 B_1（硫胺素）	参与碳水化合物的代谢，维持神经组织和心肌正常，有助于胃肠的消化机能	易发生多发性神经炎，表现为头向后仰、羽毛蓬乱、运动器官和肌胃肌肉衰弱或变性、两腿无力，呈"观星"状；食欲减退，消化不良，生长发育缓慢	糠麸、青饲料、胚芽、草粉、豆类、发酵饲料、酵母粉、硫胺素制剂
维生素 B_2（核黄素）	对体内氧化还原、调节细胞呼吸、维持胚胎正常发育及雏鹅的生活力起重要作用	雏鹅生长缓慢、下痢，足趾弯曲，用跗关节行走；种鹅产蛋率下降，种蛋孵化率降低；胚胎发育畸形、萎缩、绒毛短、死胚多	青饲料、干草粉、酵母、鱼粉、糠麸、小麦、核黄素制剂
维生素 B_3（泛酸）	是辅酶 A 的组成成分，与碳水化合物、脂肪和蛋白质的代谢有关	生长受阻，羽毛粗糙，食欲下降，骨粗短，眼帘黏着，喙和肛门周围有坚硬痂皮	酵母、糠麸、小麦
维生素 B_5（烟酸或尼克酸）	某些酶类的重要成分，与碳水化合物、脂肪和蛋白质的代谢有关	雏鹅生长慢，羽毛发育不良，关节肿大，腿骨弯曲；蛋鹅缺乏时羽毛脱落，口腔黏膜、舌、食道上皮发生炎症。产蛋减少，种蛋孵化率低	酵母、豆类、糠麸、青饲料、鱼粉、烟酸制剂
维生素 B_6（吡哆醇）	是蛋白质代谢的一种辅酶，参与碳水化合物和脂肪代谢，在色氨酸转变为烟酸和脂肪酸过程中起重要作用	神经障碍，从兴奋而至痉挛，雏鹅生长发育缓慢，食欲减退；脱毛，皮下水肿	禾谷类籽实及加工副产品

名称	主要功能	缺乏症状	主要来源
维生素H（生物素）	以辅酶形式广泛参与各种有机物的代谢	鹅喙、趾发生皮炎，生长速度降低，种蛋孵化率低，胚胎畸形	鱼肝油、酵母、青饲料、鱼粉、糠
胆碱	胆碱是构成卵磷脂的成分，参与脂肪和蛋白质代谢；蛋氨酸等合成时所需的甲基来源	脂肪代谢障碍，使鹅易患脂肪肝，发生骨短粗症，共济失调，产蛋率下降；过多可使鹅蛋产生鱼腥味	小麦胚芽、鱼粉、豆饼、甘蓝、氯化胆碱
维生素B_{11}（叶酸）	以辅酶形式参与嘌呤、嘧啶、胆碱的合成和某些氨基酸的代谢	生长发育不良，羽毛不正常，贫血，种鹅的产蛋率和孵化率降低，胚胎在最后几天死亡	青饲料、酵母、大豆饼、麸皮、小麦胚芽
维生素B_{12}（钴胺素）	以钴酰胺辅酶形式参与代谢活动，如嘌呤、嘧啶、合成甲基的转移及蛋白质、碳水化合物和脂肪的代谢；有助于提高造血机能和日粮蛋白质的利用率	雏鹅生长停滞，羽毛蓬乱，种鹅产蛋率、孵化率降低	动物肝脏、鱼粉、肉粉、鹅舍内的垫草、维生素B_{12}
维生素C（抗坏血酸）	具有可逆的氧化和还原性，广泛参与机体的多种生化反应；能刺激肾上腺皮质合成；促进肠道内铁的吸收，使叶酸还原成四氢叶酸；提高抗热应激和逆境的能力	易患坏血病，生长停滞，体重减轻，关节变软，身体各部出血，贫血，适应性和抗病力降低	青饲料、维生素C添加剂

五、水

　　水是鹅体的主要组成部分（鹅体内约含水 70%，鹅肉 77%，鹅蛋 70.4%，主要分布于体液、淋巴液、肌肉等组织中），对鹅体内正常的物质代谢有着特殊作用，是鹅体生命活动过程不可缺少的。它是各种营养物质的溶剂，在鹅体内各种营养物质的消化、吸收、代谢废物的排出、血液循环、体温调节等都离不开水。鹅和其他动物一样失去所有的脂肪和一半蛋白质仍能活着，但失去体内水分 1/10 则多数会死亡。所以，在日常饲养管理中必须把水分作为重要的营养物质对待，经常供给清洁而充足的饮水。俗话说，"好草好水养肥鹅"，这表明了水对鹅的重要性。据测定，鹅吃 1 克饲料要饮水 3.7 克，在气温 12~16℃时，鹅每天平均要饮 1 000 毫升水。由于鹅是水禽，一般都养在靠水的地方，在放牧中也常饮水，故而不容易发生缺水现象。如果是集约化饲养，则要注意保证满足饮水需要。

第二节　鹅的常用饲料

　　鹅的饲料种类很多，按其性质一般分为能量饲料、蛋白质饲料、青绿多汁饲料、粗饲料、矿物饲料、维生素饲料和添加剂饲料。

一、能量饲料

　　能量饲料是指那些富含碳水化合物和脂肪的饲料，在干物质中粗纤维含量在 18% 以下，粗蛋白质在 20% 以下。这类饲料主要包括禾本科的谷实饲料和它们加工后的副产品，动植物油脂和糖蜜等，是鹅饲料的主要成分，用量占日粮的 60% 左右。

（一）玉米

玉米含能量高（代谢能达 13.39 兆焦／千克），纤维少，适口性好，价格适中，是主要的能量饲料，一般在饲料中占 50%~70%。但玉米蛋白质含量较低，一般占饲料 8.6%，蛋白质中的几种必需氨基酸含量少，特别是赖氨酸和色氨酸。玉米含钙少，磷也偏低，喂时必须注意补钙。玉米中含有较多的胡萝卜素，有益于蛋黄和鹅的皮肤着色。现在培育的高蛋白质、高赖氨酸等饲料用玉米，营养价值更高，饲喂效果更好。一般情况下，玉米用量可占到鹅日粮的 30%~65%。

（二）高粱

高粱含能量和玉米相近，蛋白质含量高于玉米，但单宁（鞣酸）含量较多，使味道发涩，适口性差。在配合鹅日粮时，夏季比例控制在 10%~15%，冬季 15%~20%。

（三）小麦

小麦含能量与玉米相近，含粗蛋白 10%~12%，且氨基酸比其他谷实类完全，B 族维生素丰富。缺乏维生素 A、维生素 D，小麦内含有较多的非淀粉多糖，黏性大，粉料中用量过大黏嘴，降低适口性。目前在我国，小麦主要作为人类食品，用其喂鹅，不一定经济。

（四）大麦、燕麦

大麦和燕麦二者含能量比小麦低，但 B 族维生素含量丰富。因其皮壳粗硬，需破碎或发芽后少量搭配饲喂。用量一般占日粮的 10%~30%。

（五）小米

小米是谷子加工去皮后的产品，含能量与玉米相近，粗蛋白质含量高于玉米，为 10% 左右，核黄素（维生素 B_2）含量高（1.8 毫克／

千克），而且适口性好。一般在配合饲料中用 15%~20%。

（六）麦麸

麦麸包括小麦麸和大麦麸。麦麸含能量低，但蛋白质含量较高，各种成分均匀，且适口性好，是鹅的常用饲料。由于麦麸粗纤维含量高，容积大，且有轻泻作用，故用量不宜过多，一般在配合饲料中用 5%~15%。

（七）米糠

米糠是稻谷加工后的副产品，其成分随加工大米精白的程度而有显著差异。含能量低，粗蛋白质含量高，富含 B 族维生素，多含磷、镁和锰，少含钙，粗纤维含量高。由于米糠含油脂较多，故久贮易变质，一般在配合饲料中用量可占 5%~10%。

（八）高粱糠

高粱糠的粗蛋白质含量略高于玉米，B 族维生素含量丰富，但含粗纤维量高、能量低，且含有较多的单宁，适口性差。一般在配合饲料中不宜超过 5%。

（九）次粉（四号粉）

次粉是面粉工业加工副产品，营养价值高，适口性好。但和小麦相同，多喂时也会产生黏嘴现象，制作颗粒料时则无此问题。一般可占日粮的 10%~20%。

（十）油脂饲料

这类饲料油脂含量高，其发热量为碳水化合物或蛋白质的 2.25 倍。油脂饲料包括各种油脂，如豆油、玉米油、菜籽油、棕榈油等和脂肪含量高的原料，如膨化大豆、大豆磷脂等。在饲料中加入少量的脂肪饲料，除了作为脂溶性维生素的载体外，能提高日粮中的能量浓度。日粮中添加 3%~5% 的脂肪，可以提高雏鹅的日增重，保证蛋鹅夏季能量的摄入量和减少体增热，降低饲料消耗。但添加脂肪同时要相应提高其他营养素的水平。能减少料末飞扬，减少饲料浪费，有利于空气洁净。另外，添加大豆磷脂除能提供能量物质外，还能保护肝脏，提高肝脏的解毒功能，提高鹅体免疫系统活力和呼吸道黏膜的完整性，增强鹅体抵抗力。

（十一）根茎瓜类

用作饲料的根茎瓜类饲料主要有马铃薯、甘薯、南瓜、胡萝卜、甜菜等。含有较多的碳水化合物和水分，适口性好，产量高，是鹅的优良饲料。这类饲料的特点是水分含量高，可达75%~90%，但按干物质计算，其能量高，而且含有较多的糖分，胡萝卜和甘薯等还含有丰富的胡萝卜素。由于这类饲料水分含量高，多喂会影响干物质的摄入量，从而影响生产力。此外，发芽的马铃薯含有有毒物质，不可饲喂。

二、蛋白质饲料

是指饲料干物质中粗蛋白质含量在20%以上（含20%），粗纤维含量在18%以下（不含18%）。可分为植物性和动物性蛋白质饲料。一般在日粮中占10%~30%。

（一）大豆粕（饼）

大豆因榨油方法不同，其副产物可分为豆饼和豆粕，含粗蛋白质40%~45%，赖氨酸含量高，适口性好，经加热处理的豆粕（饼）是较好的植物性蛋白质饲料。一般配合饲料中用量可占15%~25%，由于豆粕（饼）的蛋氨酸含量低，故与其他饼粕类或鱼粉等配合使用效果更好。大豆粕（饼）的蛋白质和氨基酸的利用率受到加工温度和工艺的影响，加热不足或加热过度都会影响利用率。生大豆中含有抗胰蛋白酶、皂角素、尿素酶等有害物质，榨油过程中，加热不良的饼粕中会含有这些物质，影响蛋白质利用率。

（二）花生饼

花生饼的粗蛋白质含量略高于豆饼，为42%~48%，精氨酸和组氨酸含量高，赖氨酸含量低，适口性好于豆饼，与豆饼配合使用效果较好。一般在配合饲料中用量可占15%~20%。花生饼脂肪含量高，不耐贮藏，易染上黄曲霉而产生黄曲霉毒素，这种毒素对鹅危害严重。因此，生长黄曲霉的花生饼不能喂鹅。

（三）棉籽饼

带壳榨油的称棉籽饼，脱壳榨油的称棉仁饼，前者含粗蛋白质17%~28%，后者含粗蛋白质39%~40%。棉籽内，含有棉酚和环丙烯脂肪酸，对家畜健康有害。喂前应脱毒，可采用长时间蒸煮或0.05%$FeSO_4$溶液浸泡等方法，以减少棉酚对鹅的毒害作用，其用量一般可占鹅日粮的5%~8%。未经脱毒的棉籽饼喂量不能超过配合饲料的3%~5%。

（四）菜籽饼

菜籽饼含粗蛋白质35%~40%，赖氨酸比豆粕低50%，含硫氨基酸高于豆粕14%，粗纤维含量12%，有机质消化率70%。可代替部分豆饼喂鹅。由于菜籽饼中含有毒物质（芥子苷），喂前宜采取脱毒措施。未经脱毒处理的菜籽饼要严格控制喂量，用量不超过5%。

（五）芝麻饼

芝麻饼是芝麻榨油后的副产物，含粗蛋白质40%左右，蛋氨酸含量高，适当与豆饼搭配喂鹅，能提高蛋白质的利用率，一般在配合饲料中用量可占5%~10%。由于芝麻饼含脂肪多而不宜久贮，最好现粉碎现喂。

（六）葵花饼

葵花饼有带壳和脱壳的两种。优质的脱壳葵花饼含粗蛋白质

40％以上、粗脂肪5％以下、粗纤维10％以下，B族维生素含量比豆饼高，可代替部分豆饼喂鹅，一般在配合饲料中用量可占10%~20%。带壳的葵花饼不宜饲喂蛋鹅。

（七）亚麻籽饼（胡麻籽饼）

亚麻籽饼蛋白质含量在29.1%~38.2%，高的可达40%以上，但赖氨酸仅为豆饼的1/3。含有丰富的维生素，尤以胆碱含量为多，而维生素D和维生素E少。此外，含有较多的果胶物质，为遇水膨胀而能滋润肠壁的黏性液体，是雏鹅、弱鹅、病鹅的良好饲料。亚麻籽饼虽含有毒素，但在日粮中搭配10%左右不会发生中毒。最好与含赖氨酸多的饲料搭配在一起喂鹅，以补充其赖氨酸低的缺陷。

（八）鱼粉

鱼粉是最理想的动物性蛋白质饲料，其蛋白质含量45%~60%，赖氨酸、蛋氨酸、胱氨酸和色氨酸含量高。鱼粉中含有丰富的维生素A和B族维生素，尤其是维生素B_{12}；含有钙、磷、铁等矿物质。生产中可以用它来补充植物性饲料中限制性氨基酸不足，一般在配合饲料中鱼粉的用量可占到2%~8%。由于鱼粉价格较高，掺假现象较多，使用时应仔细辨别和化验。使用鱼粉时要注意盐含量，盐分超过鹅的饲养标准规定量极易造成食盐中毒。

三、青绿多汁饲料

（一）青饲料

鹅的饲料以青绿饲料为主，各种野生的青草，只要无毒、无异味都可采用，为保证有充足的牧草饲料，可进行人工种植并及时刈割和打捆以便于利用。人工栽培的各种蔬菜、葛苣叶、牧草都是良好的青饲料。鲜嫩的青饲料含木质素少，易于消化，适口性好，且种类多，来源广，利用时间长。青绿多汁饲料富含粗蛋白质，消化率高，品质优良；钙、磷含量高，比例恰当；胡萝卜素和B族维生素含量也高；碳水化合物中无氮浸出物含量多，粗纤维少，有刺激消化腺分泌的作用。在养鹅生产中，通常的精料与青绿饲料的重量比例是，雏鹅1：1，中鹅1：1.5，成年鹅1：2。

无论采集野生青绿饲料或是人工栽培的青绿饲料养鹅时，都应注意以下几点。

① 青绿饲料要现采现喂（包括打浆），不可堆积或用喂剩的青草浆，以防产生亚硝酸盐中毒；有毒的和刚喷过农药的菜地、草地或牧草要严禁采集和放牧，以防中毒。

② 含草酸多的青绿饲料，如菠菜、糖菜叶等不可多喂，以防引起雏鹅佝偻病、瘫痪、母鹅产薄壳蛋和软壳蛋；某些含皂素多的牧草喂量不宜过多，过多的皂素会抑制雏鹅的生长。如有些苜蓿草品种皂素含量高达2%，所以，不宜单纯放牧苜蓿草或以青苜蓿作为唯一的青绿饲料喂鹅，应与禾本科的青草合理搭配饲喂。

（二）青贮饲料

用新鲜的天然植物性饲料调制成的青贮饲料在鹅的饲料中使用不普遍，但在缺少青绿饲料的冬天可以使用青贮饲料，鹅用青贮饲料的原料有三叶草、苜蓿、玉米秸秆、禾本科杂草及胡萝卜茎叶。青贮时，pH值为4~4.2，粗纤维不超过3%，长度不超过5厘米。一般鹅每天可喂150~200克。

四、粗饲料

粗饲料是指粗纤维在18%以上的饲料，主要包括干草类、秸秆类、糠壳类、树叶类等。粗饲料来源广泛，成本低廉，但粗纤维含量高，不容易消化，营养价值低。粗饲料容积大，适口性差。经加工处理，养鹅还可利用一部分。尤其是其中的优质干草在粉碎以后，如豆科干草粉，仍是较好的饲料，是鹅冬季粗蛋白质、维生素以及钙的重要来源。由于粗纤维不易消化，因此，其含量要适当控制，一般不宜超过10%。干草粉在日粮中的比例通常为20%左右。粗饲料宜粉碎后饲喂，并注意与其他饲料搭配。粗饲料也要防止腐烂发霉、混入杂质。

五、矿物质饲料

（一）钙磷补充饲料

1. 骨粉或磷酸氢钙

含有大量的钙和磷，且比例合适。添加骨粉或磷酸氢钙，主要用于饲料中含磷量不足，在配合饲料中用量可占1.5%~2.5%。

2. 贝壳粉、石粉、蛋壳粉

三者均属于钙质饲料。一般在鹅配合饲料中用量，育雏及育成阶段1%~2%。产蛋阶段6%~7%。贝壳粉是最好的钙质矿物质饲料，含钙量高，又容易吸收；石粉价格便宜，含钙量高，但鹅吸收能力差；蛋壳粉可以自制，将各种蛋壳经水洗、煮沸和晒干后粉碎即成。蛋壳粉的吸收率也较好，但要严防传播疾病。

（二）食盐

食盐主要用于补充鹅体内的钠和氯，保证鹅体正常新陈代谢，还可以增进鹅的食欲，用量可占日粮的0.3%~0.35%。另外，生产鹅肥肝时，日粮中食盐含量以1.0%~1.6%为宜。

（三）沙砾

沙砾并无营养作用，但补充沙砾有助于鹅的肌胃磨碎饲料，提高消化率。放牧鹅群随时可以吃到沙砾，而舍饲的鹅则应加以补充。舍饲的鹅如长期缺乏沙砾，容易造成积食或消化不良，采食量减少，影响生长和产蛋。因此，应定期在饲料中适当拌入一些沙砾，或者在鹅舍内放置沙砾盆，让鹅自由采食。一般在日粮中可添加0.5%~1%，粒度似绿豆大小为宜。

（四）沸石

沸石是一种含水的硅酸盐矿物，在自然界中多达40多种。沸石中含有磷、铁、铜、钠、钾、镁、钙、银、钡等20多种矿物质元素，是一种质优价廉的矿物质饲料。苏联将沸石称为"卫生石"，在鹅舍内适当位置放置（一般可放置在角落），可以有效降低鹅舍内有害气体含量，同时还可保持舍内干燥。沸石粉在配合饲料中的用量可占1%~3%。

六、维生素饲料

在放牧条件下，青绿多汁饲料能满足鹅对维生素的需要。舍饲时必须补充，其方法是补充维生素饲料添加剂，或饲喂富含维生素的饲料。

七、饲料添加剂

为了满足鹅的营养需要，完善日粮的全价性，需要在饲料中添加原来含量不足或不含有的营养和非营养物质，以提高饲料利用率，促进鹅生长发育，防治某些疾病，减少饲料贮藏期间营养物质的损失或改进产品品质等，这类物质称为饲料添加剂，分营养性和非营养性两大类。

1. 营养性饲料添加剂

营养性饲料添加剂包括氨基酸、维生素、微量元素等。

目前，人工合成而作为饲料添加剂进行大批量生产的氨基酸添加剂主要有赖氨酸和蛋氨酸。以大豆饼为主要蛋白质来源的日粮，添加蛋氨酸可以节省动物性饲料用量，豆饼不足的日粮添加蛋氨酸和赖氨酸，可以大大强化饲料的蛋白质营养价值，在杂粮含量较高的日粮中添加氨基酸可以提高日粮的消化利用率。维生素、微量元素添加剂，添加时按药品说明决定用量，饲料中原有的含量只作为安全含量，不

112

予考虑。鹅处于逆境时对这类添加剂需要量加大。

2.非营养性饲料添加剂

非营养性饲料添加剂包括生长促进剂、助消化剂、驱虫保健剂、代谢调节剂、饲料保藏剂质量改进剂等几类，常用的有抗生素添加剂、中草药添加剂、酶制剂、微生态制剂、酸制（化）剂、低聚糖、糖萜素、大蒜素、防霉剂、抗氧化剂、着色剂等。

第三节　鹅的日粮配制技术

一、鹅日粮配合的依据

鹅日粮配合的依据是饲养标准。饲养标准是以鹅的营养需要（鹅在生长发育、繁殖、生产等生理活动中每天对能量、蛋白质、维生素和矿物质的需要量）为基础的，经过多次试验和反复验证后对某一类鹅在特定环境和生理状态下的营养需要得出的一个在生产中应用的估计值。饲养标准中，详细地规定了鹅在不同生长时期和生产阶段，每千克饲粮中应含有的能量、粗蛋白质、必需氨基酸、矿物质及维生素含量。鹅的营养需要受到鹅的品种、生产性能、饲料条件、环境条件等都多种因素影响，选择标准应该因鹅制宜，因地制宜。

二、鹅日粮配合的原则

1.营养原则

配合日粮时，应该以鹅的饲养标准为依据。但鹅的营养需要极其复杂，饲料的品种、产地、保存好坏会影响饲料的营养；鹅的品种、类型、饲养管理条件等也影响营养的实际需要量，温度、湿度、有害气体、应激因素、饲料加工调制方法等也会影响营养需要和消化吸收。因此，在生产中原则上按饲养标准配合日粮，也要根据实际情况

作适当的调整。

2.生理原则

配合日粮时，必须根据各类鹅的生理特点，选择适宜的饲料进行搭配。如雏鹅，需要选用优质的粗饲料，比例不能过高；成年鹅对粗纤维的消化能力增强，可以提高粗饲料用量，扩大粗饲料选择范围。还要注意日粮的适口性、容重和稳定性。

3.经济原则

在养鹅生产中，饲料费用占较大比例，一般占养鹅成本的70%~80%。因此，配合日粮时，充分利用饲料的替代性，就地取材，选用营养丰富、价格低廉的饲料原料来配合日粮，以降低生产成本，提高经济效益。

4.安全性原则

饲料安全关系到鹅群健康，更关系到食品安全和人民健康。所以，配制的饲料要符合国家饲料卫生质量标准，饲料中含有的物质、品种和数量必须控制在安全允许的范围内，有毒物质、药物添加剂、细菌总数、霉菌总数、重金属等不能超标。

三、鹅的日粮配合

（一）鹅日粮配方设计

配合日粮首先要设计日粮配方，有了配方，"照方抓药"即可。鹅日粮配方的设计方法很多，如四角形法、线性规划法、试差法、计算机法等。目前，多采用试差法和计算机法。

1.试差法

试差法是畜牧生产中常用的一种日粮配合方法。此法是根据饲养标准及饲料供应情况，选用数种饲料，先初步规定用量试配，将其所含养分与饲养标准对照比较，差值可通过调整饲料用量使之符合饲养标准的规定。应用试差法一般经过反复的调整计算和对照比较。

（1）具体步骤

① 查找饲养标准，列出饲养对象的营养需要量。

② 查饲料营养价值表，列出所用饲料的养分含量。

③ 初配。根据饲养对象日粮配合时对饲料种类大致比例的要求，初步确定各种饲料的用量，并计算其养分含量，然后将各种饲料中的养分含量相加，并与饲养标准对照比较。

④ 调整。根据试配日粮与饲养标准比较的差异程度，调整某些饲料的用量，并再次计算和对照比较，直至与标准符合或接近。

（2）示例　选择基本饲料原料玉米、豆饼、菜籽饼、进口鱼粉、麸皮、磷酸氢钙、石粉和食盐，配制程序如下。

① 列出雏鹅的各种营养物质需要量，以及所用原料的营养成分。

② 初步确定所用原料的比例。根据经验，假设日粮中的各原料分别占如下比例：鱼粉 4%，菜籽饼 5%，麸皮 10%，食盐与矿物质和添加剂 4%。

③ 分别用各自的百分比乘各自原料中的营养含量。如鱼粉的用量为 4%，每千克鱼粉中含代谢能 11.67 兆焦，则 40 克鱼粉中含代谢能 12.1346 × 4%=0.5106 兆焦。依次类推。

④ 计算豆饼和玉米的用量。上述 3 种饲料加矿物质等共占 230 克，其中含蛋白质 57 克，代谢能 1.6 兆焦，不足部分用余下的 770 克补充。现在初步定玉米 560 克，豆饼 210 克，经过计算这两种饲料中含代谢能为 10.1 兆焦，蛋白质 135 克。与前面 3 种饲料相加，得代谢能 11.7 兆焦 / 千克，蛋白质 19.2%。与饲养标准接近。

⑤ 加入食盐 0.3%，磷酸氢钙 1.2%，石粉 1.5%，添加剂 1%。

饲料配方为：玉米 56%、豆饼 21%、菜籽饼 5%、进口鱼粉 4%、麸皮 10%、磷酸氢钙 1.2%、石粉 1.5%、食盐 0.3% 和添加剂 1%。

2. 计算机法

应用计算机设计饲料配方可以考虑多种原料和多个营养指标，且速度快，能调出最低成本的饲料配方。现在应用的计算机软件多是应用线性规划，就是在所给饲料种类和满足所求配方的各项营养指标的条件下，能使设计的配方成本最低。但计算机也只能是辅助设计，需要有经验的营养专家进行修订。

第五章　鹅的饲料营养及饲料调配

（二）鹅日粮配方举例

1. 典型配方

见表5-2至表5-4。

表5-2　鹅的日粮配方一　　　　　　　　（%）

饲料组分	0~4周			4周以后			产蛋期		
	配方1	配方2	配方3	配方1	配方2	配方3	配方1	配方2	配方3
玉米	48.8	57	47.7	53	58	44	55	62	52
小麦	10			7			10		
次粉	5	5	5	5	5	5	5	5	5
草粉	5	5		7.4	6		5	5	
米糠			7	6	7	9.5			6.5
稻谷			7			19			8.7
豆粕	25	30.5	29	15	17.5	15	11.4	21	21
菜籽粕	2		2	4	4	5	4		
鱼粉	2						3		
磷酸氢钙	0.15	0.47	0.29	0.5	0.47	0.29	0.3	0.35	0.35
石粉	1.1	1.12	1.16	1.0	1.0	1.19	5.5	5.8	5.6
赖氨酸	0.05	0.05		0.2	0.13	0.17			
预混料	0.5	0.5	0.5	0.5	0.5	0.5	0.5	0.5	0.5
食盐	0.4	0.36	0.35	0.4	0.4	0.35	0.3	0.35	0.35

表5-3　鹅的日粮配方二　　　　　　　　（%）

饲料组分	雏鹅（0~3周）	生长鹅		育成鹅（17~28周）	种鹅
		（4~8周）	（8~16周）		
玉米	37.96	38.5	43.46	60.0	39.69
高粱	20	25.0	25.00		25.0
大豆粕	27.5	24.5	16.50	9.0	11.0
鱼粉	2.0				2.50
肉骨粉	3.0	1.00	1.00	3.0	
糖蜜	5.0	5.00	3.00	20.0	3.00

饲料组分	雏鹅（0~3周）	生长鹅（4~8周）	生长鹅（8~16周）	育成鹅（17~28周）	种鹅
米糠			5.40	4.58	10.0
玉米麸皮粉	2.50	2.50	2.50		
油脂	0.30				2.40
食盐	0.30	0.30	0.3	0.30	
磷酸氢钙	0.10	1.65	1.40	1.50	1.00
石粉	0.74	1.00	0.90	1.10	4.90
蛋氨酸	0.10	0.05	0.04	0.02	0.01
预混料	0.50	0.50	0.50	0.50	0.50

表 5-4　豁鹅日粮配方　　　　　　　　　（%）

	饲料组分	1~30 日龄	31~90 日龄	91~180 日龄	成年
饲料原料	玉米	47	47	27	33
	麸皮	10	15	33	25
	豆粕	20	15	5	11
	谷糠	12	13	30	25
	鱼粉	8	7	2	3
	骨粉	1	1	1	1
	贝壳粉	2	2	2	2
营养水平	粗蛋白(%)	20.29	18.38	14.39	16.30
	代谢能（兆焦/千克）	12.08	12.00	11.10	13.80
	钙（%）	1.55	1.50	1.96	2.35
	磷（%）	0.74	0.76	1.05	1.06

2. 雏鹅配方

雏鹅开食后，最好是喂给配合饲料（表 5-5）。喂食时，先喂青料再喂配合料，也可将青料与配合料湿拌混合后喂雏鹅。

表 5-5　雏鹅配方 （%）

饲料组分		配方一	配方二	配方三	配方四
饲料原料	玉米	38	65	61.3	58.7
	酒糟		15.2		
	小麦	25			
	大麦	19.4			
	麦麸			10.8	7
	葵花粕	5			
	菜籽粕		7.5		14.5
	棉籽粕				15.3
	豆粕		8.5	17	
	稻糠			7.2	
	饲料酵母	5			
	鱼粉	3			
	肉骨粉	1			
	骨粉	0.7			
	贝壳粉	2		2.8	0.6
	磷酸氢钙		2.9		3.0
	食盐	0.4	0.4	0.4	0.4
	添加剂	0.5	0.5	0.5	0.5
营养水平	粗蛋白质	15.0	15.0	15.0	16.0
	代谢能（兆焦／千克）	12.0	11.7	11.8	11.0
	钙	0.8	0.8	1.0	0.8
	磷	0.6	0.6	0.6	0.6

3. 肉用仔鹅育肥期饲料配方（表 5-6）。

表 5-6　肉用仔鹅育肥期饲料配方 （%）

饲料组分		配方一	配方二	配方三	配方四
饲料原料	玉米	50	49	59	50
	麦麸	17	20	30	22.2
	高粱		10		
	大麦	13			
	菜籽粕	3			

饲料组分		配方一	配方二	配方三	配方四
饲料原料	棉籽粕	2	4.5		
	豆粕	12	13	8	15
	稻糠				10
	肉骨粉			1.4	1.6
	石粉	0.5	1.0	0.7	0.4
	磷酸氢钙	1.7	1.7		
	食盐	0.3	0.3	0.4	0.3
	添加剂	0.5	0.5	0.5	0.5
营养水平	粗蛋白质	15.1	15.0	12.8	15.2
	代谢能（兆焦／千克）	11.3	11.3	11.1	11.2
	钙	0.9	0.9	0.8	0.8
	磷	0.7	0.7	0.6	0.7

4. 产蛋鹅及种鹅饲料配方

鹅产蛋前 1 个月左右，应改喂种鹅饲料。种鹅日粮的配合要充分考虑母鹅产蛋各阶段的实际营养需要，并根据当地的饲料资源因地制宜地制定饲料配方（表 5-7）。

表 5-7　产蛋鹅及种鹅饲料配方 （％）

饲料组分		配方一	配方二	配方三	配方四
饲料原料	玉米	61	40.8	55	44
	糠饼				12
	麦麸	10	8	12	4.5
	高粱		19.6		
	葵花粕	6			
	菜籽粕		4	6.6	5
	棉籽粕	3.5			3
	豆粕	8.7	18	6.7	12
	稻糠			8	13
	饲料酵母	2			

饲料组分		配方一	配方二	配方三	配方四
饲料原料	肉骨粉	4.3			1
	血粉			3.4	
	石粉	3.6	3.8		
	贝壳粉			3.5	5
	磷酸氢钙		4.9	3.9	
	食盐	0.4	0.4	0.4	0.2
	添加剂	0.5	0.5	0.5	0.3
营养水平	粗蛋白质	15.0	15.5	13.6	15.9
	代谢能(兆焦/千克)	11.1	11.0	11.0	11.1
	钙	2.4	2.2	2.2	2.2
	磷	0.7	1.0	1.0	0.7

（三）鹅日粮的配制加工

1. 饲料原料选择

饲料原料包括谷物饲料、浓缩料和预混料等，选择优质的饲料原料，感官检验注意以下几个方面：① 色泽，一律鲜明的典型颜色。② 味道，一种独特清新味道。③ 温湿度，颗粒可以自由流动，无黏性和湿性斑点，无明显的发热现象，湿度在允许的范围内。④ 均匀性，颜色、外表和全面的外表均一致。⑤ 杂质，不含泥沙、金属物、黏质及其他不宜物质。⑥ 污染物，没有鸟类、鼠类、昆虫类和其他动物粪便；否则，是不良的饲料原料，不能使用。

2. 饲料原料的称量

饲料原料的称量准确与否直接影响到配合饲料的质量，配方设计的再科学，但称量不准也不可能配出符合要求的全价饲料。准确称量一要有符合要求的称量器具，常用电子秤（规模化饲料加工厂）和一般的磅秤（小型饲料加工场和饲养场）。要求具有足够的准确度和稳定性，满足饲料配方所提出的精确配料要求，不宜出现故障，结构简单，易于掌握和使用；二要准确称量。配料人员要有高度的责任心，一丝不苟，认真称量，保证各种原料准确无误。并定期检查磅秤的准确程度，发现问题及时解决。

3.饲料搅拌

饲粮使用时，要求鹅采食饲料的各个部分所含的养分均衡。因此，饲料搅拌必须均匀。饲料拌和有机械拌和、手工拌和两种方法。

① 机械拌和。采用搅拌机，常用的搅拌机有立式和卧式两种类型。立式搅拌机适用于拌和含水量低于 4％ 的粉状饲料，含水量过多则不易拌和均匀。这种搅拌机所需动力小，价格低，维修方便，但搅拌时间较长（一般每批需 10~20 分钟），过久，使饲料混合均匀后又因过度混合而致分层现象，同样影响混合均匀度。时间长短可按搅拌机使用说明进行。

② 手工拌和。手工拌和时特别要注意一些在日粮中所占比例小但会严重影响饲养效果的微量成分，如食盐和各种添加剂。如果拌和不均，轻者影响饲养效果，严重时会造成鹅群产生疾病、中毒，甚至死亡。对这些微量成分，在拌和时首先要充分粉碎，不能有结块现象。其次，由于这类成分用量少，不能直接加入大宗饲料中混合，而应采用预混合的方式。其做法是：取 10％~20％ 的精料（最好是比例大的能量饲料，如玉米面、麦麸等）作为载体，另外，堆放，然后将微量成分分散加入其中，用平锹着地撮起，重新堆放，将后一锹饲料压在前一锹放下的饲料上，即一直往饲料的顶上放，让饲料沿中心点向四周流动成为圆锥形，这样可以使各种饲料都有混合的机会。如此反复 3~4 次即可达到拌和均匀的目的，预混合料即制成。最后再将这种预混合料加入全部饲料中，用同样方法拌和 3~4 次即能达到目的。手工拌和时，只有通过这样多层次分级拌和，才能保证配合日粮品质，那种在原地翻动或搅拌饲料的方法不可取。

第四节　鹅青绿饲料和牧草的调制加工

饲料加工调制的目的，是改善其可食性、适口性，提高消化率、吸收率，减少饲料损耗，便于贮藏与运输。青绿饲料与牧草加工调制的方法主要有以下几种。

一、切碎

将鲜草、块根、块茎、瓜菜等青绿多汁饲料洗净切碎后直接喂鹅。切碎的要求是：青料应切成丝条状，多汁饲料可切成块状或丝条。一般应随切随喂，否则易腐烂变质。

上铡下粉组合青粗料加工机（图5-1）可把牧草铡成1~2厘米的小段喂牛、羊、鹅、鱼或制作青储饲料等，亦可把干的牧草、玉米、地瓜等粉碎成粉，便于饲喂。

图5-1　生产中常见的上铡下粉组合青粗料加工机

二、粉碎

粗饲料如干草等，鹅难于食取，必须粉碎。谷食类饲料如稻谷、大麦等，有坚硬的皮壳和表皮，整粒喂雏鹅不易消化，也应粉碎。常用设备见图5-2。饲料粉碎后表面积增大，与鹅消化液能充分接触，便于消化吸收。雏鹅粉碎细些，中鹅、大鹅可粗些。但是，用于生产鹅肥肝的玉米则不可粉碎；饲喂中鹅、大鹅的谷实类饲料也不可粉碎。

图5-2　多功能饲草粉碎机

三、青贮

青贮既是一种保持青绿多汁饲料营养价值的加工调制方法，也是一种青绿饲料的贮存方法。是一种厌氧发酵处理，以乳酸菌为主、有多种微生物参加的生物化学变化过程。青贮过程中青绿多汁饲料的养分损失一般不超过 10%，且能改善适口性。青贮饲料是鹅冬季青绿多汁饲料和维生素的一种来源。青贮时要选好鲜草料原料，控制水分，严格密封，及时青贮。

四、干制

青草、青绿树叶等干制后，适口性好，能保存其营养成分，在冬、春季可用来代替青饲料。干制后的饲料是舍饲或半舍饲养鹅饲料中蛋白质、维生素和矿物质等营养物质的重要来源，对改善鹅营养状况具有非常重要的意义。调制干草时要注意适时的收割：① 禾本科牧草进入抽穗阶段，豆科牧草出现花蕾时，各种养分的含量较丰富且平衡，枝繁叶茂，产草量和营养物质总量都较高，是适宜的收割期。② 一般以当天早晨收割最好。因为夜间植物的气孔关闭，不蒸发，牧草含水量较多，所以夜里收割牧草，对调制青干草不利。中午收割牧草，虽然牧草的含水量少，但干燥时间变短，因而也不理想。夏季或夏末初秋高温季节要避开雨季收割。

五、打浆

可将采集的青绿多汁饲料洗净、切碎后放入打浆机内打成青草浆，然后与其他饲料（如麸皮、玉米等）拌在一起饲喂，这样有利于鹅的采食、消化和吸收。最好是用时及时打浆及时饲喂。

第六章

不同阶段鹅的饲养管理要点

第一节　雏鹅的饲养管理要点

一、雏鹅的生理特点

要培育好雏鹅，提高雏鹅的成活率，首先必须了解其生理特点，便施以相应的、合理的饲养管理措施。

（一）体温调节机能不完善

初生雏鹅体温调节机能尚未健全，对环境温度变化的适应能力较差，雏鹅在 7 日龄内体温较成鹅低 3℃，在 21 日龄内调节体温的生理机能还不完善，表现为怕冷、怕热、怕外界环境的突然变化。另外，雏鹅出壳后，全身仅被覆稀薄的绒毛，保温性能差，因此缺乏自我调节能力，特别是对冷的适应性较差。因此，在雏鹅的培育工作中，要为其创造适宜的外界温度环境，保证其生长发育和成活；否则会出现生长发育不良、成活率低甚至造成大批死亡的现象。雏鹅的培育必须采用人工保温。

（二）生长发育快，新陈代谢旺盛

雏鹅的新陈代谢非常旺盛，早期相对生长迅速。一般中、小型鹅出壳重约 100 克，大型鹅 130 克。20 日龄时，小型鹅的体重比出壳时体重增长 6~7 倍，中型鹅种增长 9~10 倍，大型鹅可增长 11~12 倍。肌肉沉积也最快，肌肉率为 89.4%，脂肪为 7.1%。为保证雏鹅的快速生长发育所需的营养物质，必须保证充足的饮水和及时供应较高营养水平的日粮和青绿饲料。

（三）消化能力弱

雏鹅消化道容积小，肌胃收缩力弱，消化腺功能差，故消化吸收能力弱。特别是 20 日龄以内的雏鹅，不仅消化道容积小、消化能力差，而且吃下的食物通过消化道的速度比雏鹅快得多，正如群众所说的"边吃边拉"。因此，要多餐少喂，饲喂易消化、营养好的全价配合饲料，以满足雏鹅生长发育的营养需要。

（四）雏鹅喜扎堆

正常育雏温度条件下，雏鹅仍有扎堆现象（但与低温情况下姿态不一样），所以在育雏期间应日夜照管，另外，20 日龄内的雏鹅温度稍低就易发生扎堆现象。雏鹅常因受捂、压伤，造成大批死亡。受捂小鹅即使不死，生长发育也较缓慢，易成"僵鹅"。因此，雏鹅培育时必须精心管理，控制好饲养密度和温度，防止雏鹅受捂、压伤（图 6-1）。

图 6-1　控制好饲养密度和温度防止雏鹅扎堆

（五）公母鹅生长速度不同

在同样饲养管理条件下，公母鹅生长速度不同，公雏比母雏体重高 5%~25%，饲料报酬也较好。公母分开饲养不仅可提高成活率，提高饲料报酬，而且母雏体重也比混饲时增长加快。据报道，公、母分开饲养，60 日龄时的成活率比混合饲养时高 1.8%，每千克增重少耗料 0.26 千克，母鹅活体重增加 251 克。所以，育雏时应尽可能做到公、母雏鹅分群饲养，以获得更大的经济效益。

（六）雏鹅抗病力差

雏鹅个体小，多方面机能尚未发育完全，故对外界环境变化适应能力较差，抵抗力和抗病力弱，容易感染各种疾病，加上育雏期饲养密度较高，一旦感染发病损失严重。因此，在日常管理和放水、放牧时要特别注意减少应激，更要做好卫生防疫工作。

二、雏鹅生长应具备的条件

养好雏鹅除具有健康的雏苗外，外界适宜的温度、湿度、光照、通风换气以及饲养密度等条件均有严格要求。

（一）适宜的温度

雏鹅自身调节体温的能力较差，饲养过程中必须控制好不同日龄的温度。雏鹅最适宜的育雏温度是：1~5 日龄 27~28℃，6~10 日龄 24~26℃，11~15 日龄 22~24℃，16~20 日龄 20~22℃，21 日龄后可脱温，随环境在 15~18℃间变化。但是，在饲养过程中，育雏温度一般只是参考。除看温度表和通过人的感官估测掌握育雏的温度外，还可根据观察雏鹅的表现来调整。当雏鹅挤到一块，扎堆，采食量下降，则是温度偏低的表现；如果雏鹅表现张口呼吸，远离热源，饮水增加，说明温度偏高。在适宜的温度下，雏鹅均匀分布，静卧休息或有规律地采食饮水，间隔 10~15 分钟运动 1 次。育雏期所需温度，可根据日龄、季节及雏鹅的体质情况进行调整。

（二）适宜的湿度

湿度和温度同样对雏鹅的健康较大影响，而且二者共同起作用。在低温高湿时，雏鹅体温散发更快，雏鹅觉得更冷，易感冒、拉稀、扎堆，造成僵鹅、残次鹅或死亡，这是导致育雏成活率下降的主要原因。高温高湿时，雏鹅体热散发不出去，导致体热在鹅体内蓄积，引起食欲下降甚至热射病，雏鹅抗病力下降，发病率上升。因此，干燥的舍内环境对雏鹅的生长、发育和疾病预防至关重要。做好鹅舍通风工作，并经常打扫卫生、更换垫料，保持较好的温度、湿度。一般将舍内相对湿度控制在60%~70%。

（三）适时通风换气

雏鹅新陈代谢旺盛，排出大量的二氧化碳，鹅粪便和垫料发酵也会产生大量的氨气和硫化氢气体，污染舍内的空气，影响雏鹅的生长发育。因此，必须对雏鹅舍进行通风换气。夏、秋季节通风换气工作比较容易，打开门窗即可完成；冬、春季节通风换气和室内保温容易发生矛盾。在通风前，首先要使舍内温度升高2~3℃，然后逐渐打开门窗或换气扇。换气时，避免冷空气直接吹到鹅体，更不能有贼风，防止雏鹅受凉感冒。通风时间最好安排在中午前后，避开早晚时间，且通风时间不宜太长，防止舍内温度太低。

（四）适宜的光照

雏鹅的光照要严格按照制定的制度执行。光照不仅对生长速度有利，合理的光照时间不仅可以帮助雏鹅适应环境，也便于雏鹅采食、饮水，满足生长的营养需求。另外光照对鹅的繁殖性能也有较大影响。一般育雏期第一天24小时光照，以后每2天减少1小时光照，至30日龄左右采用自然光照即可。人工辅助光照时，光线不宜过强，光照强度：0~7日龄每15米^{2}用1只40瓦的灯泡，8~14日龄换用25瓦的灯泡，高度距鹅背部2米左右。

（五）合理的饲养密度

平面饲养时，雏鹅的饲养密度一般为：1~2周龄20~35只/米²，3周龄15只/米²，4周龄12只/米²；随着日龄的增加，密度减少。合理的饲养密度对雏鹅的健康生长影响较大（图6-2），密度过小，不利于保温还造成鹅舍的浪费，增加成本；过大，雏鹅会拥挤成堆，出现啄羽、啄趾等恶癖，影响雏鹅的生长发育，使鹅群平均体重和均匀度降低。

密度过小不利于保温防寒　　　　　密度过大容易扎堆，不利于生长

图6-2　合理的饲养密度

（六）根据条件选择合适的育雏方式

按照给温方式的不同，有自温和人工给温育雏。按照空间利用方式的不同，分为平面和立体笼式育雏；其中，平面育雏包括地面和网上平育。这些育雏方法各有利弊，平面育雏相对成本低廉，尤其是地面平养，网上平养成本稍高，平面育雏通风良好，但舍内面积利用率低，且管理不便；立体笼式育雏可充分利用舍内面积，单位面积养殖数量大且管理方便，但投入成本较高，舍内通风换气稍差，雏鹅的活动面积有限。实际生产中可根据当地气候和经济条件选择适宜的育雏方式。

三、进雏前做好育雏准备工作

（一）育雏时期的选择

育雏时期要充分考虑利用自然资源，即根据当地的环境气候条件、青绿饲料生长情况和农作物的收割季节；还要依据饲养者的技术水平，鹅舍与设施的条件，特别要考虑市场的供求状况、经济效益等因素综合确定。一般来说，传统养鹅大都是在清明节前后进雏鹅。这时，正是种鹅产蛋的旺季，可以批量孵化；且气候由冷转暖，育雏较为有利；再者百草萌发，可为雏鹅提供开食吃青的饲料。当雏鹅长到 20 日龄左右时，青饲料已普遍生长，质地幼嫩，能全天放牧。50 日龄左右进入育肥期时，刚好大麦收割，接着是小麦收割，可充分利用麦茬田放牧，育肥；育肥结束时，恰好赶上我国传统节日——端午节上市，价格较高。而两广等南方地区由于冬季气温暖和，易于种植冷季型牧草，可于 11 月前后捉养雏鹅，待育肥结束刚好赶上春节上市。也有少数地方饲养夏鹅的，即在早稻收割前 60 天捉雏鹅，早稻收割时利用稻茬田放牧育肥，开春产蛋也能赶上春节。饲养条件较好、育雏设施比较完善的大型种鹅场和商品鹅场，可根据生产计划和鹅舍的周转情况全年育雏。

（二）做好育雏场地、设施的准备、维修

接雏前全面检查育雏舍，修补破损的墙壁和地板，保证室内无"贼风"入侵，保证舍内干燥、清洁、通风、采光性能完好；检查电源插头、照明用线路，检查灯泡是否完好、设置位置、个数及分布情况，灯泡按每平方米 3 瓦的照度安排；安装并检查通风及供暖设备是否能正常运转。育雏室地面最好为水泥地面，以便冲洗消毒。准备好接雏所需要的料盆、水盆及其他相关物品。

（三）育雏舍、育雏用具、垫料的准备与消毒

育雏舍在进雏前 3~5 天，应彻底清洗消毒，墙壁可用 20% 的石

灰水刷新，地面、阴沟、天花板可用 20% 的漂白粉溶液喷洒，消毒后关闭门窗 2 小时，敞开门窗，让空气流动，吹干舍内。舍内也可按每平方米福尔马林 30 毫升、高锰酸钾 15 克熏蒸消毒，熏蒸时要关闭育雏舍的通风口及门窗，经密闭 24 小时方可打开通风口。育雏用具如圈栏板、育雏器、食槽、水槽等可用 2%~3% 的氢氧化钠溶液或 0.2% 百毒杀溶液喷洒、浸泡，再用清水将育雏用具冲洗干净，防止残留的消毒液腐蚀雏鹅黏膜。垫料可采用干燥、清洁、松软、无霉变的稻草、木屑刨花等，垫料（草）等使用前最好在阳光下暴晒 1~2 天。育雏室出入处应设有消毒池，供进入育雏舍人员随时进行消毒，防止人员将病原微生物带入鹅舍。

（四）精粗饲料与药品的准备

进雏前还要准备好开食饲料或补饲饲料。一般每只雏鹅 4 周龄育雏期需准备精料 3 千克左右，优质青绿饲料 8~10 千克，要根据雏鹅的饲料数量，认真计算、备足饲料。传统的雏鹅饲料，一般多用小米和碎米，经过浸泡或稍蒸煮后喂给。为使爽口、不黏喉，一般将蒸煮过的小米和碎米用水淘过沥干以后再喂。目前，多喂颗粒状的全价配合饲料，效果更好。1~2 周雏鹅的饲料也常用雏鸡料替代。同时要准备雏鹅常用的一些药品，如多维素、土霉素、恩诺沙星、庆大霉素、痢特灵等。如种鹅未免疫，还要准备小鹅瘟疫苗或抗血清、小鹅瘟高免卵黄抗体等预防和治疗用药物。

（五）育雏舍预温

通常在进雏前 12~24 小时开始给育雏舍供热预温，使用地下烟道供热的则要提前 2~3 天开始预温；使用育雏伞给育雏舍供热预温的则要提前 1~2 天开始（图 6-3）；地面或炕上育雏的，应铺上一层 1 厘米厚的清洁干燥的垫草，然后开始供暖。雏鹅舍的温度应达到28~30℃，才能进雏鹅。温度表应悬挂在高于雏鹅生活的地方 5~8 厘米处，并观测昼夜温度变化。

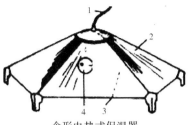

伞形电热式保温器
1—电源线；2—保温伞；3—电热丝；
4—温度调节器

图 6-3 用育雏伞为育雏舍升温

四、育雏方式

雏鹅的饲养方式可分为地面平养、网上平养和立体笼养 3 种。

（一）地面平养

地面平养（图 6-4）根据供暖方式的不同可分为地面垫料式、地下烟道式两种。地面垫料式即在干燥的地面上，铺垫洁净而柔软，并经轧段成长短 1 厘米左右的稻草，一般根据气温铺 0.5~1 厘米的厚度，然后采用红外线灯（单个或联合组式）或火炉等其他方式提供所需的育雏温度。地下烟道式，即在育雏舍内或育雏舍地下建立火道，可使用煤或柴草燃烧，提供育雏需要的温度。其优点为保温结构简单、建造方便、成本低廉，适合各种房舍结构，燃料可就地取材，温度相当稳定，保温时间长，成本低廉，舍内无燃烧的烟雾，舍内空气质量好。但是，使用地下烟道保温应注意以下问题：① 烟道升温缓慢，故应在接雏前 2~3 天起火升温；② 1 周龄后因地面干燥，室内灰尘大，湿度小，易对雏鹅呼吸道造成刺激，应补充空气中湿度；③ 地面垫料不宜太厚，2~3 厘米即可；④ 注意室内空气流通，可在天花板上开出气孔，也可在墙沿开百叶窗。地面平养投资少但单位面积饲养密度低，且要准备充足的垫料，以保证室内温暖、干燥、清洁，劳动强度大。

图 6-4　地面平养

（二）网上平养

网上平养（图 6-5）是在离地 50~60 厘米处，架设育雏网，网下设角铁撑架。网的材料可用金属网、塑料网，也可用竹片，其上铺设细孔塑料网（网眼 1.25 厘米 × 1.25 厘米）或金属网，网上设有育雏保温设施。由于雏鹅在网上，粪便通过网眼落到地下，雏鹅与粪便隔离，减少了鹅体与白痢、球虫等病原微生物的接触机会，降低了感染的几率，减少了雏鹅的发病率。另外，网上平养清粪方便，劳动强度小，便于饲养管理。

图 6-5　网上平养

（三）笼养

利用鸡的育雏多层笼，或自制（材料同网上平养）2~3层育雏笼（图6-6）。由于立体式饲养，充分利用空间，提高了单位面积的饲养量。有条件的可采用全阶梯式或半阶梯式笼养，粪便直接落地，提高了饲养效率。这种育雏的方式优点是管理方便，雏鹅感染寄生虫病的几率减少，但是投资较大。

图6-6　立体笼式育雏

五、雏鹅的饲养管理要点

（一）品种选择

雏鹅应选择体型大，生长发育快，适应性强，耐粗饲，饲料转化率高，饲养周期短，产肉蛋多，产绒量高的大中型品种。大型品种鹅饲养90~100天时体重可达6千克以上，中型品种可达4千克以上。一般饲养良种鹅要比饲养土鹅效益高40%~60%，良种鹅有皖西白鹅、太湖鹅、四川白鹅、长白鹅、浙东白鹅、豁眼鹅、狮头鹅、朗德鹅、溆浦鹅、扬州鹅、隆昌鹅、雁鹅及引进的莱茵鹅等。养殖户可以根据当地自然条件和当地引进品种和地方品种的特点选定所饲养的品种。

（二）接雏

1. 初生雏鹅的选择

无论是自孵或外购雏鹅，都应在出壳毛干后进行严格选择。选留的种雏应具备该品种的特征（如绒毛、喙、脚的颜色和出壳重）；淘汰那些不符合品种要求的杂色鹅雏。通过"一看、二摸、三听"的方法，大致可鉴别出强弱和优劣，种鹅场更应该进行系谱孵化后，称重并编翅号或蹼号。

2. 初生雏鹅运输

雏鹅一般装箱运输（图6-7），装雏箱可由硬纸做成规格120厘米×60厘米×20厘米，每箱可装运雏鹅80~100只，将箱内分成若干个小方格，每格平均分装雏雏。纸箱的周围留一些通气孔，箱底铺上柔软的垫料如麦麸等；也可选用竹编筐或塑料筐等来运输雏鹅。初生的雏鹅最好在12小时内运到育雏舍，远地运输也不应超过24小时，以免中途喂饮的麻烦和损失。运输途中尽量减少震动，每隔半小时要观察鹅的状态，防止扎堆，针对情况要及时处理。

图6-7　常用于雏鹅运输的装雏箱（筐）

运输装车时，运雏筐（箱）要罗列整齐，适当留出空隙，以便于通风换气，同时还要防止空隙过大，出现箱体滑动。装卸时要小心平稳，避免倾斜。早春运雏时要带御寒的棉被等物件；夏季要携带雨布，并尽可能在早晚较凉爽时运输。运输途中应注意雏禽状态，如发现过热过冷或通风不良时应及时采取措施。水运方便的地方，也可以采用水运。

3. 雏鹅的潮口与开食

雏鹅出壳或运回后，应及时分配到育雏舍休息。当70%的雏鹅有啄草或啄手指等觅食现象，给予第1次饮水，这是雏鹅饲养的关键。雏鹅出壳后的第一次饮水俗称"潮口"，主要是补充水分，以防休克，同时促进食欲。凡经运输引进的雏鹅，开饮时应先使雏鹅饮用5%~8%葡萄糖水，效果较好。饮完后则改饮清洁温水，不可中断饮水供应。必要时饮水中加入0.05%高锰酸钾，可起到消毒饮用水、预防雏鹅肠道疾病的作用。饮水器内水的深度以3厘米为宜，可把雏鹅的喙浸入水中，让其喝水反复几次，即可学会饮水。

雏鹅第1次喂料，称开食。开食时间一般在出壳后24~36小时或在雏鹅开饮后立即开食。适时开食可以促进胎粪排出，刺激食欲，有助于消化系统功能的逐步完善，也有助于促进生长发育。反之，则影响其生长发育。开食料一般用浸泡过1~2小时的碎米、小米粒或煮熟的小米粒，用清水淋过，使饭粒松散，吃时不黏嘴。最好掺一些切成细丝状的青菜叶，如莴笋、油菜叶等。直接撒在塑料布上，任雏鹅啄食。第一次喂食不要求雏鹅吃饱，达到半饱即可，时间为5~7分钟。2~3小时后，再用同样的方法调教采食，等所有雏鹅学会采食后，改用食槽、料盘喂料。开食时，一般分6~8次饲喂（夜间喂2~3次）。一般从3日龄开始用全价饲料饲喂，并加喂青饲料。

（三）控制好育雏期温度、湿度、密度

1. 按日龄调控育雏期温度

育雏期间严禁温度突然变化，从育雏期开始到结束，温度应严格按照设定的温度控制方法执行。一般雏鹅的保温期为20~30日龄。目前，对于雏鹅育雏期温度的控制主要有自温育雏和人工给温育雏两种方法。一般在华南或华东一带气候较暖，多采用自温育雏，利用鹅体自身散发的热量和保温设施，获得较好的温度条件来育雏。在常温15℃以上，可将1~5日龄雏鹅放在围栏内或育雏容器内。直径1米的围栏，每栏可养100~120只。喂料时取出，喂完后放入保温。5

日龄气温正常时，白天可放在小栏内或中栏内，晚间再变成小栏。至20日龄，白天可改为大栏，晚上改为中栏。通过改变鹅群大小，在育雏器上增减覆盖物、垫料厚度等措施调节温度，达到育雏所需的温度条件。这种育雏方法设备简单、经济，但是管理麻烦，温度不能相对较稳定、精确地控制，因此要实时观察鹅群，防止温度过高或较低。另一种方法人工给温育雏，目前，在集约化生产条件下，均实行人工给温育雏，常通过红外线灯、保温伞、烟道等设备提供育雏所需的温度。这种方法温度容易控制，可以按照不同日龄进行控制，舍内环境温度变化稳定，但投资较大，费用较高。雏鹅在温度适宜时的表现分布均匀、安静、饮食、粪便、睡眠、活动正常，扎堆现象较少。

雏鹅适时脱温可以增强鹅的体质。过早脱温时雏鹅容易受凉，而影响发育；保温太长，则雏鹅体质弱，抗病力差，容易得病。雏鹅4~5日龄时，体温调节能力逐渐增强。因此，当外界气温高时雏鹅在3~7日龄可以结合放牧与放水的活动，就可以开始脱温。但在夜间，尤其在凌晨2~3点，气温较低，应注意适时加温，以免受凉。冷天在10~20日龄，可外出放牧活动。冬季育雏可在30日龄脱温。全脱温时，要注意气温的变化，在脱温的头2~3天，若外界温度突然下降，也要适当保温，待气温回升后再完全脱温。

2. 控制好育雏期湿度

条件好的鹅舍可在1~10日龄保持60%~65%的相对湿度，11~21日龄65%~70%。因此，要加强饲养管理，减少进入鹅舍的水分，注意适时通风，以控制过高的湿度。育雏期温、湿度范围及要求详见表6-1。

表6-1 育雏期适宜温、湿度

日龄	温度（℃）	相对湿度（%）	室温（℃）
1~5	28 → 27	60~65	15~18
6~10	26 → 24	60~65	15~18
11~15	24 → 22	65~70	15
16~20	22 → 18	65~70	15
20 以上	脱温（18~15）		

3. 按日龄调控雏鹅饲养密度

雏鹅进入育雏舍后，在每个生长阶段都要根据大小、强弱、采食等情况分群，以调整为合理的饲养密度。合理密度以每平方米饲养 8~10 只雏鹅为宜，每群以 100~150 只为宜。在根据日龄、大小调整饲养密度时，必须按强弱、大小合理进行分群，并将病雏及时挑出隔离，对弱雏加强饲养管理。否则，强鹅欺负弱鹅，会引起挤死、压死、饿死弱雏的事故，生长发育的均匀度将越来越差。一般将弱雏放在温度较高的地方单独饲养，增加高蛋白高能量饲料，使弱雏尽量赶上大群生长。饲养密度一般 1~5 日龄 25 只 / 米^2，6~10 日龄 20 只 / 米^2，11~15 日龄 15 只 / 米^2，16~21 日龄 12 只 / 米^2，22~28 日龄 10 只 / 米^2。

（四）选好饲料与饲喂方法

雏鹅的饲料包括精料、青料、矿物质、维生素和添加剂等，刚出壳的雏鹅消化器官的功能未发育完全，因此，不但需要饲喂营养丰富、易于消化的全价配合饲料，还需优质的青绿饲料，在现代集约化养鹅中多喂以全价配合饲料。3 周龄内的雏鹅，日粮中营养水平应按饲养标准配制。1~21 日龄的雏鹅，日粮中粗蛋白质水平为 20%~22%，代谢能为 11.30~11.72 兆焦 / 千克；28 日龄起，粗蛋白质 18%，代谢能 11.72 兆焦 / 千克。饲喂颗粒料较粉料好，因其适口性好，不易黏喙，浪费少。喂颗粒饲料还比喂粉料节约 15%~30% 的饲料。

饲喂方法应采用"先饮后喂，定时定量，少给勤添，防止暴食"的原则。2~3 日龄雏鹅，每天喂 6 次，日粮中精饲料占 50%；4~10 日龄时，消化力和采食量增加，每天饲喂 8~9 次，日粮中精饲料占 30%，11~20 日龄，以青饲料为主，开始放牧，每天喂 5~6 次，日粮中精饲料占 10%~20%，21~28 日龄，放牧时间延长，每天喂 3~4 次。3 日龄后适当补饲沙砾，添加量应在 1% 左右，以帮助消化。从 11 日龄起可开始适度放牧，以青绿饲料为主，精饲料逐步从熟喂过渡为生喂。

实践证明，喂给富含蛋白质日粮的雏鹅生长快、成活率高，比喂给单一饲料的雏鹅可提早 10~15 天达到上市出售的标准体重。

（五）做好雏鹅的放牧和游水工作

雏鹅要适时开始放牧游泳（图 6-8），放牧能使雏鹅提早适应外界环境，促进新陈代谢，增强抗病力，提高经济效益。放牧游泳的时间应随季节、气候而定。春末至秋初气温较高时，雏鹅出壳后 5~6 天即可开始放牧游泳；天冷的冬、春季节，可推迟到 10~20 日龄开始。雏鹅身上仅长有绒毛，对外界环境的适应性不强。雏鹅从舍饲转为放牧，必须循序渐进。刚开始放牧应选择无风晴天的中午，把鹅赶到棚舍附近的草地上进行，时间 20~30 分钟，以后放牧时间逐渐延长。每天上午、下午各放牧一次，上午放鹅的时间要晚一些，以草上的露水干了以后放牧为好，一般在 8：00~10：00 为好；下午要避开烈日暴晒，一般以 15：00~17：00 为好。

图 6-8　雏鹅的放牧和游泳

初次放牧后，只要天气好，就要坚持每天放牧，并随日龄的增加而逐渐延长放牧时间，加大放牧距离，相应减少喂青料次数。20 日龄后，雏鹅已开始长大毛的毛管，即可全天放牧，只需夜晚补饲 1 次。

为了保证放牧效果，要掌握放牧技巧，即对鹅群进行合理的组织和调训，使鹅听从放牧员的指令。要使鹅听从指挥，必须从小训练，关键在于让鹅群熟悉"指挥信号"和"语言信号"，选择好"头鹅"（图 6-9）。如果用小红旗或彩棒作指挥信号，在雏鹅出壳时就应让其看到，以后在日常饲养管理中都用小红旗或彩棒来指挥。旗行鹅动，旗停鹅止，并与喂食、放牧、收牧、下水行为等逐步形成固定的"语言信号"，形成条件反射。头鹅身上要涂上红色标志，便于寻找。放牧只要综合运用"指挥信号"和"语言信号"，充分发挥头鹅的作用，就能对鹅做到招之即来，挥之即去。另外，放牧员要固定，不宜随便更换。

图 6-9 鹅群放牧训练

放牧应选择距离育雏舍较近，道路平坦，青草鲜嫩、水源充足的场地进行。最好不要在公路两旁和噪声较大的地方，以免鹅群受到惊吓。

放牧鹅群的大小和组织结构直接影响着鹅群的生长发育和群体整齐度，放牧的雏鹅群以 300~500 只为宜，最多不要超过 600 只，由两位放牧员负责，前领后赶。同一鹅群的雏鹅，应该日龄相同，大小均匀，否则大鹅走得快，小鹅走得慢，难以合群，不便管理。鹅群太大不好控制，在小块放牧地上放牧常造成走在前面的鹅吃得饱，落在后面的鹅吃不饱，影响均匀度。

加强放牧管理。放牧前要仔细观察鹅群，留下病、弱和精神不振的鹅，出牧时点清鹅数。对放牧雏鹅要缓赶慢行，禁止大声吆喝和紧迫猛赶，防止惊鹅和跑场。阴雨天和大风天不要放牧，雨后要等泥地干到不黏脚时才能出牧。平时要注意收听天气预报和观察天气变化，避免鹅群受烈日暴晒和风吹雨淋。放牧时要观察鹅群动态，待大部分鹅吃饱后，再让其下水活动；一段时间后将其赶上岸蹲地休息，蹲地休息时要定时驱动鹅群，以免睡着受凉；待到大部分雏鹅因饥饿而躁动时，再继续放牧，如此反复。

图 6-10　放牧后的雏鹅要适当补水补料

鹅放牧中常用吃几个"饱"来表示采食状况，所谓吃饱，是指鹅采食青草后，食道膨大部逐渐增大、突出，当发胀部位达到喉头下方时，即为一个饱。随着日龄的增长，先要让鹅逐步达到放牧能吃饱，再往后争取达到 1 天多吃几个饱。收牧时，要让鹅群洗好澡，并点清鹅数，再返回育雏室。对没有吃饱的雏鹅要及时补饲。

（六）做好育雏期雏鹅的疫病预防工作

雏鹅时期是鹅最容易患病的阶段，搞好卫生和防疫工作对提高雏鹅的成活率、保证健康十分重要。

1. 疫苗接种

小鹅瘟是雏鹅阶段危害最严重的传染病，常造成雏鹅大批死亡。购进的雏鹅，首先要确定种鹅是否免疫过小鹅瘟疫苗。种鹅在开产前

1个月接种，可保证半年内所产种蛋含有母源抗体，孵出的小鹅不会得小鹅瘟。如果种鹅未接种，可对3日龄雏鹅皮下注射10倍稀释的小鹅瘟疫苗0.2毫升，1~2周后再接种1次；也可不接种疫苗，对刚出壳的雏鹅注射高免血清0.5毫升或高免蛋黄1毫升。另外，根据种鹅免疫情况和当地鹅病发生、流行情况，做好鹅副黏病毒病、雏鹅新型病毒性肠炎、鹅巴氏杆菌病、鹅大肠杆菌病等的防治。

2. 做好环境卫生消毒工作

育雏舍门口设消毒间和消毒池。定期对雏鹅、鹅舍及用具用百毒杀、新洁尔灭等药物进行喷雾消毒。

第二节　中鹅的饲养管理要点

一、中鹅的生理特点

中鹅，俗称仔鹅，又称青年鹅或育成鹅，是指从4周龄起到选入种用或转入肥育时为止的鹅。对于中、小型品种来说，就是指4周龄以上至70日龄左右的鹅（品种之间有差异）；大型品种，如狮头鹅则是指4周龄至90日龄的鹅。

（一）生长速度迅速

中鹅的消化道容积增大，消化能力增强，能显著提高饲料的转化率，生长速度快，一般9~10周龄体重即可达3千克以上，可上市出售。因此，肉用仔鹅生产具有投资少、收益快、获利多的优点。

（二）能大量利用青绿饲料

鹅是最能利用青绿饲料的家禽。无论以舍饲、圈养或放牧方式饲养，其生产成本费用均较低。特别是在我国南方地区气候温和，雨量充沛，青绿饲料可全年供应，为放牧养鹅提供了良好的自然条件。近

几年来，一些地区通过种植优良牧草养鹅，也取得了显著的经济效益，推动了我国养鹅业的迅速发展。

（三）生产具有明显的季节性。

这由鹅的繁殖季节性所决定。虽然采用光照控制可以使鹅全年有两个产蛋周期，但主要繁殖季节仍为冬、春季节。光照控制必须在密闭的种鹅舍中，广泛采用尚有一定困难。因此，肉用仔鹅的生产多集中在每年的上半年。当前或在相当长一段时间内，我国南方放牧饲养生产肉用仔鹅仍占有较大比重，其上市旺期每年5月才开始。因此，每年上半年是肉用仔鸭上市的淡季，却正是肉用仔鹅产销的旺季，这就为肉用仔鹅生产及加工产品提供了极为有利的销售条件。

二、中鹅的饲养方式

鹅的饲养主要有3种形式，即放牧饲养、放牧与舍饲结合、关棚饲养（即舍饲）。从我国当前养鹅业的社会经济条件和技术水平来看，采用放牧补饲方式，小群多批次生产肉用仔鹅更为可行。这种形式所花饲料与工时最少，经济效益好。

三、中鹅的饲养管理要点

（一）放牧饲养

1.放牧时间

春、秋季雏鹅到10日龄左右，气温暖和，天气晴朗时可在中午放牧，夏季时可提前到5~7日龄。首次放牧1小时左右，以后逐步延长，到30~40日龄可采用全天放牧，并尽量早出晚归。放牧时，放水时间可由最初的15分钟逐渐延长到0.5~1小时，每天2~3次，再过渡到自由嬉水，直至整个上下午都在放牧，但中午要回棚休息2小时。放牧时间的掌握原则是：天热时上午要早出早归，下午要晚出晚归；天冷时则上午晚出晚归，下午早出早归。

2.放牧场地的选择（图6-11）

放牧场地要有鹅喜欢采食的、丰富优质的牧草。鹅喜爱采食的草类很多，一般只要无毒、无刺激、无特殊气味的草都可供鹅采食。放牧地要开阔，可划分成若干小区，有计划地轮牧。放牧地附近应有湖泊、小河或池塘，使鹅有清洁的饮用水和洗浴及清洗羽毛的水源。放牧地附近应有荫蔽休息的树林或其他遮阳物（如搭临时阴棚）。农作物收割后的茬地也是极好的放牧场地。选择放牧场地时还应了解其附近的农田有无喷过农药，若使用过农药，一般要1周后才能在附近放牧。另外，放牧时鹅群所走的道路应比较平坦。

图6-11　适合放牧的场地选择（坡地、林地、河道、池塘）

3.合理的放牧鹅群

放牧时根据放牧人员的经验和放牧场地的情况，合理确定鹅群，一般100~200只一群，由一人放牧；200~500只一群时，可由两人放牧；放牧地开阔时可扩大到500~1 000只，由2~3人管理。放牧时应注意观察鹅采食情况，待大多数鹅吃到7~8成饱时应将鹅群赶入池塘或河中，让其自由饮水、洗浴。但不同品种、不同年龄的鹅要分群管理，以免在放牧中大欺小、强凌弱，影响个体发育和鹅群均匀度。不同羽色的仔鹅应分开放牧，切勿混群放牧。另外在放牧过程中防止其他动物、有鲜艳颜色的物品、喇叭声等的突然出现引起惊群；避免在夏天炎热的中午、闷热的天气放牧，防中暑；放牧时驱赶鹅群速度要慢，防止鹅被践踏致伤；时时观察放牧场地，如有农药气味的茬地或凡用过农药的牧地，绝不可牧鹅，防止中毒；大暴雨等恶劣天气条件下严禁放牧。

4.放牧鹅的补饲

放牧场地条件好，有丰富的牧草和收割后的遗谷可吃，采食的食物能满足生长的营养需要，则可不补饲或少补饲。放牧场地条件较差，牧草贫乏，又不在收获季节放牧，营养跟不上生长发育的需要，或者肩、腿、背、腹正在脱落旧毛、长出新羽时，就要做好补饲工作。补饲时间通常安排在中午或傍晚。补饲时加喂青饲料和精饲料，每天加喂的数量及饲喂次数可根据体重增长和羽毛生长来决定（图6-12）。

图6-12　中鹅放牧中的补饲

（二）全舍饲饲养

全舍饲饲养又称关棚饲养（图6-13），即采用专用鹅舍，应用配合饲料饲养。日粮中代谢能 11.7 兆焦 / 千克，粗蛋白质 18%，粗纤维 6%，钙 1.2%，磷 0.8%。全舍饲鹅生长速度较快，但饲养成本较高。全舍饲饲养法也是鹅放牧后期快速育肥的一种方法。舍饲育肥时，应喂给高碳水化合物的饲料，育肥期约 1 周。鹅的育肥也可采用强制的办法，分人工填饲和机器填饲两种。

全舍饲时尤其要注意鹅舍清洁、干燥，经常清洗饲槽、饮具，并定期消毒，经常更换垫草，同时做好疫病防治和疫苗接种工作。每天喂 5~6 次，每次间隔时间相等。国外的全舍饲饲养采用笼养肉用仔鹅，严格限制鹅只运动，饲养效果很好。

图 6-13　中鹅的舍饲（网上平养）

（三）做好转群和出栏工作

通过中鹅阶段认真的放牧和严格的饲养管理，充分利用放牧草地和田间遗留的谷粒穗，在较少的补饲条件下，中鹅就可以有较好的生长发育，一般长至 70~80 日龄时，体重就可以达到选留后备种鹅的要求。选留的合格后备种鹅可转入后备种鹅群，继续培育；不符合种用条件和体质瘦弱的仔鹅，应及时转入育肥群，达到出栏标准体重的仔鹅可及时上市出售。

第三节　肥育仔鹅的饲养管理要点

一、肥育鹅选择

中鹅饲养期结束时，选留种鹅剩下的鹅为肥育鹅群或选择育肥期短、饲养成本低、经济效益高的鹅种育肥。适于肥育的优良鹅种有狮头鹅、四川白鹅、皖西白鹅、溆浦鹅、莱茵鹅等为主的肉用型杂交仔鹅品种，这些鹅生长速度快，75~90 日龄的鹅育肥体重达 7.5 千克，成年公、母鹅体重均在 10 千克以上，最重达 15 千克。选择肥育的鹅要选鹅头大、脚粗、精神活泼、羽毛光亮、两眼有神、叫声洪亮、机警敏捷、善于觅食、挣扎有力、肛门清洁、健壮无病、70 日龄以上的中鹅作肥育鹅。新从市场买回的肉鹅，还需在清洁水源放养，观察 2~3 天，并投喂一些抗生素和注射必要的疫苗进行疾病的预防，确认其健康无病后再进行育肥。

二、将选择好的育肥鹅分群饲养

为了使育肥鹅生长齐整、同步增膘，须将大群分为若干小群。分群原则是，将体型大小相近、采食能力相似的混群，分成强群、中等群和弱群 3 等。在饲养管理中根据各群实际情况，采取相应的技术措施，缩小群体之间的差异，使全群生产性能最佳，一次性出栏。

三、分群后适时驱虫

鹅体内外的寄生虫较多，如蛔虫、绦虫、吸虫、羽虱等，应先确诊。育肥前要进行一次驱虫，对提高饲料报酬和肥育效果极有好处。驱虫药应选择广谱、高效、低毒的药物。可口服丙硫苯咪唑 30

毫克/千克体重。

四、育肥方法选择

肉用仔鹅育肥的方法很多，主要包括放牧加补饲、自由采食、填饲育肥法等。在肉用仔鹅的育肥阶段，要根据当地的自然条件和饲养习惯，选择成本低且育肥效果好的方式。

（一）放牧加补饲育肥法

放牧加补饲是最经济的育肥方法。根据肥育季节的不同，放牧野草地、麦茬地、稻田地，采食草籽和收割时遗留在田里的麦粒谷穗，边放牧边休息，定时饮水。如果白天吃的籽粒很饱，晚上或夜间可不必补饲精料。如果肥育的季节赶到秋前（籽粒没成熟）或秋后（放茬子季节已过），放牧时鹅只能吃青草或秋黄死的野草，那么晚上和夜间必须补饲精料，能吃多少喂多少，吃饱的鹅颈的右侧可出现一假颈（嗉囊膨起），吃饱的鹅有厌食动作，摆脖子下咽，喙头不停地往下点。补饲必须用全价配合饲料，或压制成颗粒料，可减少饲料浪费。补饲的鹅必须饮足水，尤其是夜间不能停水。

（二）填饲育肥法

采用填鸭式肥育技术，俗称"填鹅"，即在短期内强制性地让鹅采食大量的富含碳水化合物的饲料，促进育肥。此法育肥增重速度最快，10天左右就可达到鹅体脂肪迅速增多、肉嫩味美的效果，填饲期以3周为宜，育肥期能增重50%~80%。如可按玉米、碎米、甘薯面60%，米糠、麸皮30%，豆饼（粕）粉8%，生长素1%，食盐1%配成全价饲料，加水拌成糊状，用特制的填饲机填饲（图6-14）。具体操作方法是：由2人完成，一人抓鹅，一人握鹅头，左手撑开鹅喙，右手将胶皮管插入鹅食道内，脚踏压食开关，一次性注满食道，一只一只慢慢进行。如没有填饲机，可将混合料制成1~1.5厘米、长6厘米左右的食条，俗称"剂子"，阴干，用人工填入食道中，效果也很好，但费人工，适于小批量肥育。其操作方法是，填饲人员坐在凳子上，用膝关节和大腿夹住鹅身，鹅背朝人，左手把鹅喙撑开，右手拿"剂子"，先蘸一下水，用食指将"剂子"填入食道内。每填一次用手顺着食道轻轻地向下推压，协助"剂子"下移，每次填3~4条，以后增加直至填饱为限。开始3天内，不宜填得太饱，每天填3~4次。以后要填饱，每日填5次，从早6点到晚10点，平均每4小时填1次。填饲的仔鹅应供给充足的饮水，每天傍晚应放水1次，时间约半小时，可促进新陈代谢，有利消化，清洁羽毛，防止生羽虱和其他皮肤病。

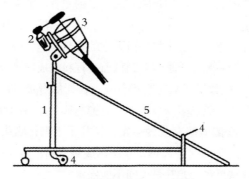

图6-14　电动填饲机（填饲颗粒玉米）
1—机架；2—电动机；3—饲料斗；4—电动开关；5—滑道

　　每天应清理圈舍1次，如使用褥草垫栏，则每天要用干草更换。若用土垫，每天须添加新的干土，7天要彻底清除1次。

（三）自由采食育肥法

　　有围栏栅上育肥和地上平面加垫料育肥两种方式，均用竹竿或木条隔成小区，料槽和水槽设在围栏外，鹅伸出头来自由采食和饮水。

1. 围栏栅上育肥

　　距地面60~70厘米高处搭起栅架，栅条距3~4厘米，也可在栅条上铺塑料网，网眼大小为1.5厘米×1.5厘米至3厘米×3厘米，鹅粪可通过栅条间隙漏到地面上，便于清粪还不致卡伤鹅脚。这样栅面上可保持干燥、清洁的环境，有利于鹅的肥育，育肥结束后一次性清理。

为了限制鹅的活动，棚架上用竹木枝条编成栅栏，分别隔成若干个小栏，每小栏以 10 米^2 为宜，每平方米养育肥鹅 3~5 只。栅栏竹木条之间距离以鹅头能伸出觅食和饮水为宜，栅栏外挂有食槽和水槽，鹅在两竹木条间伸出头来觅食、饮水。饲料配方（%）：玉米 35、小麦 20、米糠 20、油枯 10、麦麸 10、贝壳粉 4.2、食盐 0.5、细沙 0.3。日喂 3 次，每次喂量以供吃饱为止，最后 1 次在晚间 10 时喂饲，每次喂食后再喂些青饲料，并整天供给清洁饮水。

2. 栏饲育肥

用竹料或木料做围栏按鹅的大小、强弱分群，将鹅围栏饲养，栏高 60~70 厘米，以减少鹅的运动，每平方米可饲养 4~6 只。饲槽和饮水器放在栏外，围栏留缝隙让鹅头能伸出栏外采食饮水。饲料要求多样化，精、青配合，精料（%）玉米 40、稻谷 15、麦麸 19、米糠 10、菜枯 11、鱼粉 3.3、骨粉 1、食盐 0.5、细沙 0.2。另外最好每 100 千克饲料中加入硫酸锰 19 克，硫酸锌 17 克，硫酸亚铁 12 克，硫酸铜 2 克，碘化钾 0.1 克，氯化钴 0.1 克，混匀喂服。饲料要粉碎，最好制成颗粒料，并供足饮水。每天喂 5~6 次，喂量可不限，任鹅自由采食、饮水、充分吃饱喝足。保证鹅体清洁，圈舍干燥，每周全舍清扫 1 次。在圈栏饲养中特别要求鹅安静，不放牧，限制活动，但隔日可让鹅水浴 1 次，每次 10 分钟，以清洁鹅体。出栏时实行全进全出制，彻底清洗消毒圈舍后再育肥下一批肉鹅。

第四节　后备种鹅的饲养管理要点

一、后备种鹅的选择

10 周龄以后到产蛋或配种之前准备作种的仔鹅，称后备种鹅。种鹅达到性成熟时间较长（小型鹅 180 天左右，大型鹅 260 天左右），鹅体各部位、各器官仍处于发育完善阶段。

一般是把品种特征典型、体质结实、生长发育快、羽毛发育好的个体留作种用。公、母鹅的基本要求是：后备种公鹅要求体型大，体质结实，各部结构发育均匀，肥度适中，头大小适中，两眼有神，喙正常，颈粗而稍长（作为生产肥肝的品种颈应粗而短），胸深而宽，背宽长，腹部平整，脚粗壮有力、长短适中，距离宽，行动灵活，叫声响亮。选留公鹅数要比按配种的公母比例多留 20%~30% 作为后备。后备母鹅要求体重大，头大小适中，眼睛灵活，颈细长，体型长而圆，前躯浅窄，后躯宽深，臀部宽广。

二、后备种鹅的饲养管理

后备种鹅以放牧为主、补饲为辅，并适当限制营养；饲养管理的重点是限饲，其目的在于控制体重，防止体重过大过肥，使其具有适合产蛋的体况；机体各方面完全发育成熟，适时开产；训练其耐粗饲的能力，育成有较强的体质和良好的生产性能的种鹅；延长种鹅的有效利用期，节省饲料，降低成本，达到提高饲养种鹅经济效益的目的。

（一）快速生长阶段

后备种鹅培育的早期，鹅的生长发育仍较快，且还要经过幼羽更换成青年羽的第 2 次换羽时期，需要较多的营养物质（如太湖鹅每日仍需补饲 150 克左右精料），不宜过早粗放饲养，必须保证有足够的营养物质，尤其是增加矿物质和蛋白质。但是，补饲日粮蛋白质含量不宜太高，应根据放牧场地草质的好坏，逐渐减少补饲的次数，并逐步降低补饲日粮的营养水平，使青年鹅机体得到充分发育，以便顺利地进入限饲阶段。如果补饲日粮的蛋白质较高，会加速鹅的发育，导致体重过大过肥，并促其早熟；而鹅的骨骼尚未充分发育，致使种鹅骨骼纤细，体型较小，提早产蛋，往往产几个蛋后又停产换羽。

如果是舍内（关棚）饲养，则要求饲料足、定时、定量，每天喂 3 次。生长阶段要求日粮中的粗蛋白质为 12%~14%，每千克含代谢能 2 400~2 600 千卡。每日应根据放牧采食情况补喂精料 2~3 次。日粮中各类饲料所占比例分别为谷物饲料 40%~50%，糠麸类饲料 10%~20%，蛋白质饲料 10%~15%，填充料（统糠等粗料）5%~10%，青饲料 15%~20%。

（二）公母分饲和控制饲养阶段

这一阶段一般从 100~120 日龄开始至开产前 50~60 天结束。后备种鹅经第二次换羽后，如供给充足的饲料，经 50~60 天便可开始产蛋。但此时因种鹅的生长发育尚不完全，个体间生长发育不整齐，开产时间参差不齐，导致饲养管理不方便。加上早产的蛋较小，达不到种用标准，种蛋的受精率也较低，母鹅产小蛋的时间较长，会严重影响饲养种鹅的经济效益。另外，由于公母鹅的生理特点不同，生长差异较大，混饲会影响鹅群的正常生长发育，还会发生早熟鹅的滥交乱配现象。因此，这一阶段应对种鹅进行公母分饲、控制饲养使之适时达到开产日龄，比较整齐一致地进入产蛋期。

后备种鹅的控制饲养方法主要有两种：一种是减少补饲日粮的饲喂量，实行定量饲喂；另一种是控制饲料的质量，降低日粮的营养水平。鹅以放牧为主，故多数采用后者，但一定要根据放牧条件、季节以及鹅的体质，灵活掌握精青饲料配比和喂料量，既能维持鹅的正常体质，又能降低种鹅的饲养费用。

控料阶段分前后两期。前期约 30 天，在此控料阶段应逐步降低日粮的营养水平，粗蛋白质水平可下降至 8% 左右，必须限制精料的喂量，强化放牧，精料由喂 3 次改为 2 次。控料阶段母鹅的日平均饲料用量一般比生长阶段减少 50%~60%。目的是使母鹅消化系统得到充分发育，扩大食道容量，体重增加缓慢，同时换生新羽，生殖系统也逐步完全发育成熟。经过此阶段的控饲，后备种鹅的体重比控料前下降约 15%，羽毛光泽逐渐减退，但外表体态应无明显变化，放牧时采食量明显增加。此时，如后备母鹅健康状况正常，可转入控料阶段后期。后备母鹅经控料阶段前期饲养的锻炼，采食青草的能力增强，在草质良好的牧地，可不喂或少喂精料。在放牧条件较差的情况下应喂两次，喂食时间在中午及晚 9 时左右。鹅喜食带露水的青草，应利用早晨及傍晚前气温较低的时间尽量放牧。控料阶段后期为 30~40 天，此期的饲料配比为谷物类 40%~50%，糠麸类 20%~30%，填充料 20%~30%。经控制饲养（包括前后期）的后备母鹅体重允许下降 20%~25%，羽毛失去光泽，体质略为虚弱，但无病态，食欲和消化能力正常。控制饲养阶段，无论给食次数多少，补料时间应在放牧前 2 小时左右，以防止鹅因放牧前饱食而不采食青草；或在放牧后 2 小时补饲，以免养成收牧后有精料采食，便急于回巢而不大量采食青草的坏习惯。

（三）后期加料促产

经控制饲养的种鹅，应在开产前 50~60 天进入恢复饲养阶段。此时种鹅的体质较弱，应逐步提高补饲日粮的营养水平，并增加喂料量和饲喂次数。营养水平由原来的粗蛋白质 8% 左右提高到 15%~17%，每天早晚各给食 1 次，让鹅在傍晚时仍能采食多量的牧草。饲料配比：谷物类 50%~60%，糠麸类 20%~30%，蛋白质饲料 5%~10%，填充料 10%~15%。这时的补饲只定时，但不定料、不定量，做到饲料多样化，青饲料充足，增加日粮中钙质含量。经 20 天左右的饲养，使种鹅的体质得以迅速恢复，体态逐步丰满，然后增加精料用量，自由采食，争取及早进入临产状态。初产母鹅全身羽毛紧贴，光洁鲜明，尤其颈羽显得光滑紧凑，尾羽与背羽平伸，后腹下垂，耻骨开张达 3 指以上，肛门平整呈菊花状，行动迟缓，食欲大增，喜食矿物质饲料，有求偶表现，想窝念巢。

后备公鹅应比母鹅提前两周进入恢复期，由于公鹅在控料阶段的饲料营养水平较高，进入恢复期可用增加料量来调控，每天给食由两次增至 3 次，使公鹅较早恢复。公鹅人工拔羽可比母鹅早 2 周左右开始，促进其提早换羽，以便在母鹅开产前已有充沛的体力、旺盛的食欲。

此阶段种鹅开始陆续换羽，为了使种鹅换羽整齐和缩短换羽时间，节约饲料，可在种鹅体重恢复后进行人工强制换羽，即人为地拔除主翼羽和副主翼羽。拔羽后应加强饲养管理，适当增加喂料量。开产前人工强制换羽，可使后备种鹅能整齐一致地进入产蛋期。

在后备期一般只利用自然光照，如在下半年，由于日照短，恢复生长阶段要开始人工补充光照时间。通过 6 周左右的时间，逐渐增加光照总时数，使之在开产时达到每天 16~17 小时。后备种鹅饲养到后期时，应将公鹅放入母鹅群中，使之相互熟识亲近，以提高受精率。放牧鹅群仍要加强放牧，但鹅群即将进入产蛋，体大行动迟缓，故而放牧时不可急赶久赶，放牧距离应渐渐缩短。

（四）后备种鹅的管理要点

1. 放牧场地选择

后备种鹅阶段主要以放牧为主，舍饲为辅。牧地应选择水草丰盛的草滩、湖畔、河滩、丘陵以及收割后的稻田、麦地等。牧地附近有湖泊、溪河或池塘，供鹅饮水或游泳。人工栽培草地同样附近必须有供饮水和游泳的水源。放牧前，先调查牧地附近是否喷洒过有毒药物，否则，必须经 1 周以后，或下大雨后才能放牧。

2. 注意防暑

放牧时宜早出晚归，避开中午酷暑。一般应清晨 5 点出牧，上午 10 点回棚休息，下午 3 点出牧，晚至 7 点归牧休息，休息的场地最好有水源，以便于饮水、戏水、洗浴。放牧时力争让鹅吃到 4~5 个饱（上午 2 个饱，下午 3 个饱）。在炎夏天气，鹅群在棚内烦躁不安，应及时放水，必要时可使鹅群在河畔过夜，日间要提供清凉饮水，以防过热或中暑。

3. 鹅群管理

一般以 250~300 只后备鹅为一群，由 2 人管理。如牧地开阔，草源丰盛，水源良好而充足，可组成 1 000 只一群，由 4 人协同管理。放牧前与收牧时都应及时清点，如有丢失应及时追寻。如遇混群，可按编群标记追回。

随时观察鹅群的精神状态、采食情况等，发现弱鹅、伤残鹅等要及时剔除，单独饲喂和护理。病鹅往往表现行动呆滞，两翅下垂，食草没劲，两脚无力，体重轻，放牧时落在鹅群后面，严重者卧地不起。对于个别弱鹅应停止放牧，进行特别管理，可喂以质量较好且容易消化的饲料，到完全恢复后再放牧。

4. 补料

后备种鹅的主要饲养方式是放牧，既节省饲料，又可防止过肥和早熟。但在牧草地草质差、数量少时，或气候恶劣不宜放牧时，为确保鹅群健康，必须及时补料，一般多于夜间进行。传统饲喂法多补饲瘪谷，有的补充米糠或草粉颗粒饲料。现在多根据体况补饲配合饲料或颗粒饲料，种鹅后备期喂料量的确定以种鹅的体重为基础。

要注意补料量和青粗饲料比例。可根据鹅粪便的变化进行调整。如鹅粪粗大而松散，用脚可轻拨为几段，则表明精料与青料比例较适当；若鹅粪细小、结实、断截成粒状，说明精料过多、青料太少；若粪便色浅且较难成形，排出即散开，说明补饲的精料太少，营养不足，应适当增加精料用量。

5. 做好卫生防疫

注意鹅舍的清洁卫生和饲料新鲜度，及时更换垫料，保持垫草和舍内干燥。喂食及饮水用具及时清洗消毒。在恢复生长阶段应及时接种有关疫苗，主要有小鹅瘟、鸭瘟、禽流感、禽出败、大肠杆菌疫苗。并注意在整个后备阶段搞好传染病和肠胃病的防治，定期进行防虫驱虫工作。

第五节　种鹅的饲养管理要点

一、种鹅的选择

产蛋期种鹅是指种母鹅开始产蛋、种公鹅开始配种的成年鹅，其生长发育基本完成，生殖系统发育成熟并有正常的繁殖行为，对饲料的消化能力较强。这一阶段主要精力是繁殖，饲养管理重点应围绕产蛋和配种工作。

二、种鹅的选留标准

根据体型外貌与生理特征选择。体型外貌与生理特征能够反映出种鹅的生长发育与健康状况，可以作为判断种鹅生产性能的基本条件。母鹅选留标准：体躯各部位发育匀称，体型不粗大，头大小适中，眼睛明亮有神，颈细中等长，体躯长而圆、前躯较浅窄、后躯宽而深，两脚健壮且差距较宽，羽毛光洁紧密贴身，尾腹宽阔，尾平直。公鹅选留标准：体型大，体质健壮，身躯各部位发育匀称，肥瘦适中，头大脸宽，眼睛灵敏有神，喙长、钝且闭合有力，叫声洪亮，颈长粗且略显弯曲，体躯呈长方形、前躯宽阔、背宽而长、腹部平整，腿长短适中、强壮有力，两脚间距较宽。若是有肉瘤的品种，肉瘤须发育良好而突出，呈现雄性特征。对公鹅的选留要进一步检查性器官的发育情况，严格淘汰阴茎发育不良、阳痿和有病的公鹅，选留阴茎发育良好、性欲旺盛、精液品质优良的公鹅作种用。

三、种鹅的饲养方式

种鹅饲养以舍饲为主、放牧为辅，既可降低饲料成本，又利于提

高母鹅的产蛋率。南方饲养的鹅种，一般每只母鹅产蛋 30~40 枚，高产者达 50~80 枚；而北方一般每只母鹅产蛋 70~80 枚，高产者达 100 枚以上。为发挥母鹅的产蛋潜力，必须科学饲养，满足产蛋母鹅的营养需要。集约化舍内饲养，饲养方式有地面平养、网上平养和笼养。

（一）地面平养

种鹅饲养在地面上，舍外设置运动场和洗浴池，目前生产中较为常用。

（二）网上平养

种鹅网上平养时，网板占鹅舍面积的 20%~25%，网上放饮水器和食槽，鹅舍前有洗浴沟和硬地面的日光浴场。洗浴沟加水 20~30 厘米，每周换水和清沟 1~2 次。为防止水中出现浮游生物，可按每 100 升水加 1 克硫酸铜处理。种鹅栅上平养时，板条地面是用上宽 2 厘米、底带 1.5 厘米、高 2.5 厘米的梯形木条组成，木条之间的距离为 1.5 厘米。

（三）笼养

将鹅养在金属笼内，通常分为两层，饲养密度比垫料平养高 75%。鹅粪通过笼底的网眼落到地上，可以机械清粪，自动喂料和饮水。但是生产工艺复杂，成本偏高。笼养种鹅笼宽 100 厘米，深 70 厘米，高 90 厘米（母鹅）或 100 厘米（公鹅）。每笼放种鹅 2~3 只，笼底用直径 5 毫米的钢丝做成。母鹅笼底的坡度为 12°，以便于鹅蛋自动滚到集蛋槽上。槽式饮水器深 6 厘米，上沿宽 8 厘米。食槽位于饮水器同侧，槽深 10 厘米，宽 18 厘米，上沿有宽 1.2 厘米槽檐，防止鹅抛洒饲料。

四、鹅群组成

合理的鹅群结构不但是组织生产的需要，也是提高繁殖力的需要。一般多以 500 只左右为一群，要配备好饲养人员和有关用具、饲料、药物等。母鹅前 3 年的产蛋量最高，以后开始下降。所以，一般母鹅利用年限不超过 3 年。公鹅利用年限也不宜超过 3 年。种鹅群的组成一般为：1 岁母鹅 30%，2 岁母鹅 25%，3 岁母鹅 20%，4 岁母鹅 15%，5 岁母鹅 10%。在生产中要及时淘汰过老的公、母鹅，补充新的鹅群。

五、种母鹅的饲养管理

产蛋期种鹅的饲养管理目标是：体质健壮、高产稳产，种蛋有较高的受精率和孵化率，以完成育种与制种任务，有较好的技术指标与经济效益。

（一）产蛋母鹅的营养需要及配合饲料

种鹅由于连续产蛋和繁殖后代，需要消耗较多的营养物质，尤其是能量、蛋白质、钙、磷等。因此，饲料营养水平的高低、是否均衡直接影响母鹅的生产性能。种鹅在产蛋配种前 20 天左右开始喂给产蛋饲料。由于我国养鹅以粗放饲养为主，南方多以放牧为主，舍饲日粮仅仅是一种补充。因而要根据当地的饲料资源和鹅在各生长、生产阶段营养要求，因地制宜并充分考虑母鹅产蛋所需的营养设计饲料配方。

在以舍饲为主的条件下，建议产蛋母鹅日粮营养水平为代谢能 10.88~12.3 兆焦 / 千克，粗蛋白 14%~16%，粗纤维 5%~8%（不高于 10%），赖氨酸 0.8%，蛋氨酸 0.35%，胱氨酸 0.27%，钙 2.25%，有效磷 0.3%，食盐 0.5%。

另外，国内外的养鹅生产实践和试验都证明，母鹅饲喂青绿多汁饲料对提高母鹅的繁殖性能有良好影响。因此，有条件的地方应于繁殖期多喂些青绿饲料。

饲料喂量一般每只每天补充精料150~200克，分3次喂给，其中一次在晚上，一次在产完蛋后。

（二）饮水

种鹅产蛋和代谢需要大量的水分，所以供给产蛋鹅充足的饮水非常必要，要经常保持舍内有清洁的饮水。产蛋鹅夜间饮水与白天一样多，所以夜间也要给足饮水，满足鹅体对水分的需求。我国北方早春气候寒冷，饮水容易结冰，产蛋母鹅饮用冰水对产蛋有影响，应给予12℃的温水，并在夜间换一次温水，防止饮水结冰。

（三）产蛋鹅的环境管理

为鹅群创造良好的生活环境，精心管理，是保证鹅群高产、稳产的基本条件（图6-15）。

图6-15　产蛋鹅及鹅蛋

1.适宜的环境温度

羽绒丰满，绒羽含量较多；皮下有脂肪而无皮脂腺，只有发达的尾脂腺，散热困难，所以耐寒而不耐热，对高温反应敏感。夏季天气温度高，鹅常停产，公鹅精子无活力；春节过后气温比较寒冷，但鹅只陆续开产，公鹅精子活力较强，受精率也较高。母鹅产蛋的适宜温度是 18~25℃，公鹅产壮精的适宜温度是 10~25℃。在管理产蛋鹅的过程中，应注意环境温度，特别是做好夏季的防暑降温工作。

2. 适宜的光照时间

光照时间的长短及强弱，以不同的生理途径影响家禽的生长和繁殖，对种鹅的繁殖力有较大的影响。在适宜的环境温度条件下，给鹅增加光照可提高产蛋量。采用自然光照加人工光照，每日应不少于15 小时，通常是 16~17 小时，一直维持到产蛋结束。目前，种鹅的饲养大多采用开放式鹅舍、自然光照制度，光照时间不足，对产蛋有一定的影响。因此，为提高产蛋率，应补充光照，一般在开产前 1 个月开始较好，由少到多，直至达到适宜光照时间。增加人工光照的时间分别安排在早上和晚上。不同品种在不同季节所需光照不同，如我国南方的四季鹅，每个季度都产蛋，所以在每季所需光照也不一样。应当根据季节、地区、品种、自然光照和产蛋周龄，制定光照计划，按计划执行，不得随意调整。

舍饲产蛋鹅在日光不足时可补充电灯光源，光源强度 2~3 瓦 / 米² 较为适宜，每 20 米² 面积安装 1 只 40~60 瓦灯泡较好，灯与地面距离 1.75 米左右。

3. 合理的通风换气

产蛋期种鹅由于放牧减少，在鹅舍内生活时间较长，摄食和排泄量也很多，会使舍内空气污染，氧气减少，既影响鹅体健康，又使产蛋下降。为保持鹅舍内空气新鲜，除控制饲养密度（舍饲 1.3~1.6 只 / 米²，放牧条件下 2 只 / 米²），及时清除粪便、垫草，还要经常打开门窗换气。冬季为了保温取暖，鹅舍门窗多关闭，舍内要留有换气孔，经常打开换气孔换气，始终保持舍内空气的新鲜。

4. 搞好舍内外卫生，防止疫病发生

舍内垫草须勤换，使饮水器和垫草隔开，以保持垫草有良好的卫生状况。垫草一定要洁净，不霉不烂，以防发生曲霉病。污染的垫草和粪便要经常清除。舍内要定期消毒，特别是春、秋两季结合预防注

射，将料槽、饮水器和积粪场围栏、墙壁等鹅经常接触的场内环境进行一次大消毒，以防疫病的发生。

（四）母鹅的配种管理

1.合适的公母比例

为了提高种蛋的受精率，除考虑种鹅的营养需要外，还必须注意公鹅的健康状况和公母比例。在自然支配条件下，合理的性比例和繁殖小群能提高鹅的受精率。一般大型鹅公母配比为 1：（3~4），中型 1：（4~6），小型 1：（6~7）。繁殖配种群不宜过大，一般 50~150 只。鹅属水禽，喜欢在水中嬉戏配种，有条件的应该每天给予一定的放水时间，以多创造配种机会，提高种蛋受精率。

2.合适的配种环境

鹅的自然交配多在水上进行，掌握鹅的下水规律，使鹅能得到交配的机会，这是提高受精率的关键。要求种鹅每天有规律地下水 3~4 次。第一次下水交配在早上，从栏舍内放出后即将鹅赶入水中，早上公母鹅的性欲旺盛，要求交配者较多，应注意观察鹅群的交配情况，防止公鹅因争配打架影响受精率。第二次下水时间在放牧后 2~3 小时，可把鹅群赶至水边让其自由下水交配。第三次在下午放牧前，方法如第一次。第四次可在入圈前让鹅自由下水。如舍饲，主要抓好早晚两次配种。配种环境的好坏，对受精率有一定影响，在设计水面运动场时面积不宜过大，过大因鹅群分散，配种机会少；过小，鹅群又过于集中，致使公鹅相互争配而影响受精率。人工辅助配种可以提高受精率，但比较麻烦，公鹅需经一段时间的调教，只适合在农家散养及小群饲养情况下进行。

3.人工辅助受精

在大、小型品种间杂交时，公母鹅体格相差悬殊，自然配种困难，受精率低，可采用人工辅助配种方法，此也属于自然配种。方法是先把公母鹅放在一起，使之相互熟悉，经过反复的配种训练建立条件反射，当把母鹅按在地上、尾部朝向公鹅时，公鹅即可跑过来配种。

人工授精是提高鹅受精率最有效的方法，还可大大缩小公母比例，提高优良公鹅利用率，减少经性途径传播的疾病。采用人工授精，1只公鹅的精液可供12只以上母鹅输精。一般情况下，公鹅1~3天采精1次，母鹅每5~6天输精1次。

（五）母鹅的产蛋管理

鹅的繁殖有明显的季节性，鹅1年只有一个繁殖季节，南方为10月至翌年的5月，北方一般在3~7月。母鹅的产蛋时间大多数在下半夜至上午10时以前。因此，产蛋母鹅上午不要外出放牧，可在舍前运动场上自由活动，待产蛋结束后再放牧。

鹅有择窝的习性，形成习惯后不易改变。地面饲养的母鹅，约有60%母鹅习惯于在窝外地面产蛋，少数母鹅产蛋后有用草遮蛋的习惯，蛋往往被踩坏，造成损失。因此，要训练母鹅在窝内产蛋并及时收集产在地面的种蛋。一般在母鹅临产前半个月左右，应在舍内墙周围安放产蛋箱，训练鹅在产蛋箱产蛋的习惯。蛋箱的规格是：宽40厘米、长60厘米、高50厘米、门槛高8厘米，箱底铺垫柔软的垫草。每2~3只母鹅设一产蛋箱。母鹅在产蛋前，一般不爱活动，东张西望，不断鸣叫，这些是要产蛋的行为。发现这样的母鹅，将其捉入产蛋箱内产蛋，以后鹅便会主动找窝产蛋。

种蛋要随下随捡，一定要避免污染种蛋。每天应捡蛋4~6次，可从凌晨2时以后，每隔1小时用蓝色灯光（因鹅的眼睛看不清蓝光）照明收集种蛋1次。收集种蛋后，熏蒸消毒，放入蛋库保存。

产蛋箱内垫草要经常更换，保持清洁卫生，以防垫草污染种蛋。

（六）就巢鹅的管理

我国的许多鹅在产蛋期都表现出不同程度的抱性，对种鹅产蛋造成严重影响。一旦发现母鹅有恋巢表现时，应及时隔离，转移环境，将其关到光线充足、通风好的地方，进行"醒抱"。可采用以下方法：一是将母鹅围困到浅水中，使之不能伏卧，能较快"醒抱"。二是对对隔离出来的就巢鹅，只供水不喂料，2~3天后喂一些干草粉、糠麸等粗料和少量精料，使之体重下降，"醒抱"后能迅速恢复产蛋。三是应用药物，如给抱窝鹅每只肌注 1 针 25 毫克的丙酸睾丸酮，一般 1~2 天就会停止抱窝，经过短时间恢复就能再产蛋，但对后期的产蛋有一些负面的影响。

（七）休产期母鹅的饲养管理

母鹅每年产蛋至 5 月左右时，羽毛干枯，产蛋量减少，畸形蛋增多，受精率下降，表明鹅进入休产期，此期持续 4~6 个月。

1. 休产前期的饲养管理

这一时期的工作要点是逐渐减少精料用量、人工拔羽、种群选择淘汰与新鹅补充。停产鹅的日粮由精料为主改为粗料为主，即转入以放牧为主的粗饲期，目的是降低饲料营养水平，促使母鹅体内脂肪的消耗，促使羽毛干枯，容易脱落。此期喂料次数逐渐减少到每天 1 次或隔天 1 次，再改为 3~4 天喂 1 次。在减少饲喂精料期，应保证鹅群有充足的饮水，促使鹅体自行换羽，也培养种鹅的耐粗饲能力。经过 12~13 天，鹅体消瘦，体重减轻，主翼羽和主尾羽出现干枯现象时，则可恢复喂料。待体重逐渐回升，大约放牧饲养 1 个月后，就可进行人工拔羽。公鹅应比母鹅早 20~30 天强制换羽，务必在配种前羽毛全部脱换好，可保证鹅体肥壮，精力旺盛，以便配种。

人工拔羽就是人工拔掉主翼羽、副主翼羽和主尾羽。处于休产期的母鹅较容易拔下，如拔羽困难或羽根带血时，可停料（青饲料也不喂）数天，只喂水，直至鹅体消瘦，容易拔下主翼羽为止。拔羽应选择温暖的晴天在鹅空腹下进行，切忌寒冷雨天进行。拔羽后加强饲养管理，一般要求 1~2 天内应将鹅圈养在运动场内喂料、喂水、休息，不能让鹅下水，以防毛孔感染引起炎症。3 天后就可放牧与下水，但要避免烈日暴晒和雨淋。

种群选择与淘汰，主要是根据前次繁殖周期的生产记录和观察，淘汰繁殖性能低，如产蛋量少、种蛋受精率低、公鹅配种能力差、后代生命力弱的种鹅个体。为保持种群数量的稳定和生产计划的连续性，还要及时培育、补充后备优良种鹅，一般地，种鹅每年更新淘汰率在 25%~30%。

2. 休产中期的饲养管理

当鹅主副翼换羽结束后，即进入产蛋前期的饲养管理，此期的目的是使鹅尽快恢复产蛋的体况，进入下一个产蛋期。因此，在饲养上，要充分利用种鹅耐粗饲的特点，全天放牧，让其采食牧草。农作物收获后的青绿茎叶也可以用作鹅的青绿饲料。只要青粗料充足，全天可以不补充精料。管理上，放牧时应避开中午高温和暴风雨恶劣天气。放牧过程中要适时放水洗浴、饮水，尤其要时刻关注放牧场地及周围农药施用情况，尽量减少不必要的鹅群损害。这一时期结束前，还要对一些残次鹅进行 1 次选择淘汰。

3. 休产后期的饲养管理

这一时期的主要任务是种鹅的驱虫防疫、提膘复壮，为下 1 个产蛋繁殖期做好准备。为保障鹅群及下一代的健康安全，前 10 天要选用安全、高效、广谱驱虫药进行 1 次鹅体驱虫，驱虫 1 周内的鹅舍粪便、垫料要每天清扫，堆积发酵后再作农田肥料，以防寄生虫重复感染。驱虫 7~10 天后，根据当地周边地区的疫情动态，及时做好小鹅瘟、禽流感等重大疫病的免疫预防。夏季过后，进入秋冬枯草期，种鹅的饲养管理上要抓好青绿饲料的供应和逐步增加精料补充量。可人工种植牧草，如适宜秋季播种的多花黑麦草等，或将夏季过剩青绿饲料经过青贮保存后留作冬季供应。精料尽量使用配合饲料，并逐渐增加喂料量，以便尽快恢复种鹅体膘，适时进入下一个繁殖期。管理上，还要做好种鹅舍的修缮、产蛋窝棚的准备等。必要时晚间增加 2~3 小时的普通灯泡光照，促进产蛋繁殖期的早日到来。

六、种公鹅的饲养管理

种公鹅饲养管理好坏直接关系到种蛋的受精率和孵化率。在种鹅群的饲养过程中，始终应注意种公鹅的日粮营养水平和体重、健康等状况。在鹅群的繁殖期，公鹅由于多次交配，排出大量精液，体力消耗大，体重有时明显下降，从而影响种蛋的受精率和孵化率。为了使种公鹅保持良好的配种体况，种公鹅除了和母鹅群一起采食外，从组群开始后，对种公鹅应补饲配合饲料。配合饲料中应含有动物性蛋白质饲料，以利于提高公鹅的精液品质。补喂的方法，一般是在一个固定时间，将母鹅赶到运动场，把公鹅留在舍内，补喂饲料，任其自由采食。这样，经过一定时间（12天左右），公鹅就习惯于自行留在舍内，等候补喂饲料。开始补喂饲料时，为便于分辨公、母鹅，对公鹅可作标记，以便管理和分群。公鹅的补饲可持续到母鹅配种结束。

如是人工授精，在种用期开始前1.5个月左右，可供给全价配合饲料，特别是蛋白质饲料更要保证。日粮中要求含粗蛋白质16%~18%，每千克含代谢能2 700千卡。在饲料配制时，可添加3%~5%的动物性饲料（鱼粉、蚕蛹等），另加一定量的维生素（以每100千克精料中加入维生素E 400毫克），可有效地提高精液的品质。为提高种蛋受精率，公、母鹅在秋、冬、春季节繁殖期内，每只每天喂谷物发芽饲料100克，胡萝卜、甜菜250~300克，优质青干草35~50克。在春夏季节供给足够的青绿饲料。

种公鹅要多放少关，加强运动，防止过肥，以保持公鹅体质强健。公鹅群体不宜过大，以小群饲养为佳，一般每群15~20只。如公鹅群体太大，会引起互相爬跨、殴斗，影响公鹅的性欲。

第七章

鹅病轻松防控

第一节 鹅病的综合防控措施

一、鹅场生物安全体系管理

1. 人员的控制

在所有预防禽病的因素中，人是最重要的。要对全体员工，上至场长经理、管理人员，下至饲养人员、防疫人员、后勤人员，使每一个员工都认识到防疫在养鹅生产中的重要性，人员进场必须更换场内卫生工作服，进出鹅舍由消毒池经过，对新进入员进行岗前培训，也可由有经验的技术员或饲养员传、帮、带等，使他们懂得基本的兽医卫生防疫常识和饲养管理技能，禁止无关人员入场，尽可能减少或谢绝参观，条件较好鹅场可设置有防疫隔离设施的特定区域供给必要人员在场外观看。

2. 鹅群的控制

科学调控温度、湿度、密度、通风、光照等各个环节，给鹅群创造适宜的生活环境，尽量减少不利于鹅只健康生长的各种应激因素。做到鹅舍宽敞，光线充足，通风顺畅，舍内干燥，温度相对稳定，饲养密度适宜等。饲喂可采取放牧与舍饲相结合，适当增加放牧时间和运动量。不同日龄鹅群，特别是幼龄鹅必须与育成鹅、成年鹅分开饲养。

3. 生产资料的控制

对各种生产工具、生产资料、设备设施等严格管理，目的是减少流通环节的污染，防止病原体通过间接接触的传播方式传染鹅群。场内的生产工具及设备一般是场内专用，严禁出场，还应注意清洁消毒，避免造成交叉污染。

4. 水域的控制

鹅场水体要来自清洁卫生的水源，最好是直接引自无污染江河的洁净水源，通过进水排水系统控制水质，鹅场水体需要进水时，注意不要引入上游出现疫情或被病原污染的水源，有条件或有需要时可对进水先消毒净化，再注入鹅场水塘。注意定期检测水质，保证饮水达到每毫升细菌总数小于 100 个、每升水大肠菌群数少于 3 个。

5. 消毒、卫生管理制度

每天必须清扫鹅舍与运动场，及时清理鹅粪、更换垫料、勤洗料槽和水槽，除去舍内外各种污染物，鹅舍及场地要定期消毒（图7-1），保持饲养环境的清洁卫生，为鹅群提供良好的生活环境。粪便、污水、尸体和其他废弃物是防止疾病传播的主要控制对象，是病原体的主要集存地。粪便要及时运到指定地点堆积生物热发酵，或者干燥处理。所有废弃物必须无害化处理。病死鹅严禁食用，严禁乱扔乱放、严禁出售、严禁收购死鹅的贩子进入养鹅

图7-1　鹅舍及场地要定期消毒

场。应采用焚烧或深埋的方法处理尸体。

6. 科学免疫制度的建立

根据本地区历年来鹅病流行规律和受周边地区严重威胁的疾病安排预防接种，尤其应将本地区的常发病作为免疫预防的重点，根据免疫监测结果，制定出科学的免疫程序，并及时调整。各养鹅场的免疫程序要适合本地、因地制宜，切忌生搬硬套。

7. 合理的药物预防

合理正确地使用药物，能够起到防治传染病和寄生虫病、促进鹅健康成长的作用，尤其对于目前还没有研制出理想疫苗的疾病意义重大。

8. 减少应激

避免或减轻应激，定期药物预防或疫苗接种多种因素均可对鹅群造成应激，其中包括捕捉、转群、断喙、免疫接种、运输、饲料转换、无规律的供水供料等生产管理因素，以及饲料营养不平衡或营养缺乏、温度过高或过低、湿度过大或过小、不适宜的光照、突然的音响等环境因素。实践中应尽可能通过加强饲养管理和改善环境条件，避免和减轻以上两类应激因素对鹅群的影响，防止应激造成鹅群免疫效果不佳、生产性能和抗病能力降低。

二、鹅场消毒

鹅场消毒常用的有机械性清除（如清扫、铲刮、冲洗等机械方法和适当通风）、物理消毒（如紫外线和火焰、煮沸与蒸汽等高温消毒）、化学药物消毒和生物消毒等方法。化学消毒方法是利用化学药物杀灭病原微生物以达到预防感染和传染病的传播和流行的方法，此法最常用于养鹅生产。

1. 消毒的方法

常用的有浸泡法、喷洒法、熏蒸法和气雾法。

（1）浸泡法　主要用于消毒器械、用具、衣物等。一般洗涤干净后再行浸泡，药液要浸过物体，浸泡时间以长些为好，水温以高些为好。另外，养鹅场大门入口和鹅舍入口处应设置消毒槽，槽内可用消毒液、浸泡药物的草垫或草袋对进出的车辆、人员的鞋靴等消毒。

（2）喷洒法（图7-2）　喷洒地面、墙壁、舍内固定设备等，可用细眼喷壶；对舍内空间消毒则用喷雾器。喷洒要全面，药液要喷到物体的各个部位。一般喷洒地面每平方米需要 2 升药液，喷墙壁、顶棚每平方米 1 升。

（3）熏蒸法　适用于可以密闭的鹅舍。这种方法简便、省事，对房屋结构无损，消毒全面，鹅场常用。常用的药物有福尔马林（40%的甲醛水溶液）、过氧乙酸水溶液。为加速蒸发，常利用高锰酸钾的氧化作用。实际操作中要严格遵守下面基本要点：畜舍及设备必须清洗干净，因为气体不能渗透到鹅粪和污物中去，所以，不能发挥应有的效力；畜舍要密封，不能漏气。应将进出气口、门窗和排气扇等的缝隙糊严。

（4）气雾法（图7-2）　气雾是消毒液进到气雾发生器后喷射出的雾状微粒，气雾法消毒是消灭畜禽舍内气携病原微生物的理想方法。为全面消毒鹅舍空间，每立方米的鹅舍可用5%的过氧乙酸溶液2.5毫升喷雾消毒。

图7-2　鹅舍进鹅前要进行熏蒸消毒

2. 化学消毒剂的选择

进行化学消毒，必须先了解消毒剂的适用性。不同种类的病原微生物构造不同，对消毒剂的反应不同，有些消毒剂是广谱的，对绝大多数微生物具有几乎相同的效力，也有一些消毒剂为专用，只对有限的几种微生物有效。因此，在购买消毒剂时要了解消毒剂的药性、所消毒的物品及杀灭的病原种类。选择消毒力强、性能稳定、毒性小、刺激性小、对人畜危害小、不残留在畜产品中、腐蚀性小的消毒剂。考虑廉价易得，使用方便。

3. 鹅场的消毒程序

（1）进入人员及物品消毒　养鹅场周围要有防疫墙或防疫沟，并只设置一个供人员和车辆物品进入的控制入口。入口处必须设置车辆消毒池和人员消毒室，车辆消毒池的长度为进出车辆车轮 2 个周长以上，消毒液可用消毒时间长的复合酚类和 3%~5% 氢氧化钠溶液，最好再设置喷雾消毒装置，喷雾消毒液可用 1:1 000 的氯制剂；人员消毒室设置淋浴装置、熏蒸衣柜和场区工作服。进入人员必须淋浴，换上清洁消毒好的工作衣帽和靴后方可进入，工作服不准穿出生产区，定期更换清洗消毒。工作人员工作前要洗手消毒；进入场区的所有物品、用具都要消毒。舍内的用具要固定，不得互相串用。非生产性用品，一律不能带入生产区。

（2）场区消毒　场区每周消毒 1~2 次，可以使用 5%~8% 的火碱溶液或 5% 的甲醛溶液进行喷洒。特别要注意鹅场道路和鹅舍周围的消毒。

（3）鹅舍消毒　鹅淘汰或转群后，要对鹅舍彻底清洁消毒。步骤：将鹅舍各个部位清理、清扫干净，用高压水枪冲洗洁净鹅舍墙壁、地面和屋顶和不能移出的设备用具，用 5%~8% 的火碱溶液喷洒地面、墙壁、屋顶、笼具、饲槽等 2~3 次，用清水洗刷饲槽和饮水器。其他不易用水冲洗和火碱消毒的设备可以用其他消毒液涂搽。鹅入舍后，在保持鹅舍清洁卫生的基础上，每周消毒 2~3 次。

（4）带鹅消毒　平常每周带鹅消毒 1~2 次，发生疫病期间每天带鹅消毒 1 次。选用高效、低毒、广谱、无刺激性的消毒药。冬季寒冷不要把鹅体喷得太湿，可以使用温水稀释；夏季带鹅消毒有利于降温和减少热应激死亡。

第二节 鹅病轻松诊断

一、现场资料调查分析

为及时准确地诊断疾病，需要有针对性地进行一些调查了解。了解鹅群的发病时间、发病年龄和传播速度，由此可以推断该病是急性病还是慢性病。如突然大批死亡，可提示中毒性疾病或环境应激性疾病。短期内鹅群迅速传播，可提示小鹅瘟、鹅副黏病毒病等急性传染病，小鹅瘟日龄较小的发病率和死亡率高，2 月龄以上的鹅很少发生，即使发生死亡率亦不高，而鹅副黏病毒病感染发生于不同年龄的鹅，发病率和死亡率都较高。营养代谢病一般呈慢性经过。了解临床表现，可以初步确定疾病的范围。既要了解病鹅的一般共有的临床表现，如精神沉郁、食欲减退、羽毛蓬松等，也要掌握某些鹅病特有的临床症状；了解周围疫情，可以分析本次发病与过去疫情的关系；了解发病后病情变化，由此分析疾病的发展趋势，如营养代谢病，开始症状轻，若缺乏的营养不能补充或补充不当，就日益加重；了解鹅场防疫情况、卫生状况、环境条件和发病前用药情况，可为诊断提供有价值的参考。

二、临床检查诊断

1. 羽毛

若羽毛蓬松、污秽、无光泽，常见于慢性传染病、寄生虫病和营养代谢病，如禽副伤寒、大肠杆菌病、鸭瘟、慢性禽霍乱、鹅绦虫病、吸虫病、维生素 A 和 B 族维生素缺乏症等；羽毛稀少，常见于烟酸、叶酸缺乏症，也可见于维生素 D 和泛酸缺乏症；羽毛松乱或脱落，常见于 B 族维生素缺乏症和含硫氨基酸不平衡，也可见于 70~80 日龄鹅的正常换羽引起的掉毛（羽毛脱落）；头颈部羽毛脱落，常见于泛酸缺乏症；羽毛断裂或脱落，常见于鹅外寄生虫病，如羽毛虱和羽螨。

2.营养状况

整群生长发育偏慢，说明饲料营养配合不全面、饲养管理不善；个体大小不均匀，常提示鹅群可能有慢性疾病。

3.精神状态

体温高，精神委顿，缩颈垂翅，离群独居，闭目呆立，尾羽下垂，食欲废绝，常见于临床症状明显期的某些急性、热性传染病，如小鹅瘟、鸭瘟、鹅副黏病毒病、急性型禽霍乱；体温"正常"或偏高，精神差，食欲不振，常见于某些慢性传染病和寄生虫病以及某些营养代谢病，如慢性鸭瘟、慢性禽副伤寒、鹅绦虫病、吸虫病、硒或维生素 E 缺乏症等；精神委顿，体温下降，缩颈闭目，蹲地伏卧，不愿站立，常见于濒死期的病鹅。

4，运动状态

行走摇晃，步态不稳，常见于明显期的急性传染病和寄生虫病等，如鹅副黏病毒病、小鹅瘟、鹅球虫病以及严重的绦虫病、吸虫病等；两肢行走无力，并有痛感，行走间常呈蹲伏姿势，见于鹅佝偻病或骨软症以及葡萄球菌关节炎等；两肢不能站立、仰头蹲伏呈观星姿势，临床上见于雏鹅维生素 A 缺乏症；两股交叉行走或运动失调，附关节着地，常见于雏鹅维生素 E 和维生素 D 缺乏症；两肢麻痹、瘫痪、不能站立，常见于雏鹅锰缺乏症；企鹅样立起或行走，常见于母鹅严重的卵黄性腹膜炎。

5.呼吸

气喘、咳嗽、呼吸困难，常见于鹅曲霉菌病、禽李氏杆菌病、禽链球菌病、鹅流行性感冒、禽霉形体、大肠杆菌病等传染病，也可见于某些寄生虫病，如鹅支气管杯口线虫病。

6.神经症状

扭颈，出现神经症状，常见于某些传染病，如鹅副黏病毒病、小鹅瘟、雏鹅霉菌性脑炎、禽李氏杆菌病、鹅螺旋体病等，亦可见于某些中毒病和营养代谢病，如痢特灵中毒、维生素 A 和 B 族维生素缺

乏症等。

7. 声音

叫声嘶哑，见于慢性鸭瘟、流行性感冒、结核病、禽流感以及副轮状病毒病等疾病晚期，也见于某些寄生虫病，如寄生在鹅气管内的舟形嗜气管吸虫病以及寄生在鹅气管和支气管内的支气管杯口线虫病。

8. 腹围

腹围增大，常见于肥育仔鹅的腹水综合征，产蛋鹅的卵黄性腹膜炎，有时亦见于产蛋鹅的腹底壁疝；腹围缩小，见于慢性传染病和寄生虫病，如慢性禽副伤寒、慢性鸭瘟、鹅裂口线虫病、鹅绦虫病等。

9. 喙

喙色浅淡，常见于慢性寄生虫病和营养代谢病，如鹅绦虫病、吸虫病、鹅裂口线虫病、幼鹅硒或维生素 E 缺乏症；喙色发紫，常见于小鹅瘟、禽霍乱、鹅卵黄性腹膜炎、维生素 E 缺乏症等疾病；喙变软、易扭曲，常见于幼鹅钙磷代谢障碍、维生素 D 缺乏症以及氟中毒。

10. 脚、蹼

脚、蹼干燥或有炎症，常见于 B 族维生素缺乏症，也可见于内脏型痛风病，以及各种疾病引起的慢性腹泻；脚、蹼发紫，常见于卵黄性腹膜炎、维生素 E 缺乏症，亦可见于小鹅瘟等；跖骨软、易折，临床上见于佝偻病、骨软症以及氟中毒引起的骨质疏松；脚、蹼、趾、爪卷曲或麻痹，见于雏鹅维生素 B_2 缺乏症，也可见于成年鹅维生素 A 缺乏症。

11. 关节

关节肿胀、有热痛感、关节囊内有炎性渗出物，常见于葡萄球菌和大肠杆菌感染，也可见于慢性禽霍乱、禽链球菌病等；跖关节和趾关节肿大（非炎性），常见于营养代谢病，如钙磷代谢障碍和维生素 D 缺乏症等。

12. 头部

头部皮下胶冻样水肿，常见于鸭瘟，亦可见于慢性禽霍乱；头颈部肿大，有时见于因注射灭活苗位置不当引起的肿胀，也偶尔见于外伤感染引起的炎性肿胀。

13.眼睛

眼球下陷，常见于某些传染病、寄生虫病等因腹泻引起机体脱水所致，如鹅副黏病毒病、禽副伤寒、大肠杆菌病、鹅绦虫病、棘口吸虫病以及某些中毒病等；眼睛有黏液性分泌物流出，使眼睑变成粒状，见于雏鹅生物素及泛酸缺乏症等；眼结膜充血、潮红、流泪、眼睑水肿，常见于禽霍乱、嗜眼吸虫病、禽眼线虫病以及维生素 A 缺乏症；眼睛有黏性或脓性分泌物，见于鸭瘟、禽副伤寒、大肠杆菌眼炎以及其他细菌或霉菌引起的眼结膜炎；眼结膜有出血斑点，常见于禽霍乱、鸭瘟等；眼结膜苍白，常见于鹅剑带绦虫病、膜壳绦虫病、棘口吸虫病、住白细胞虫病及慢性鸭瘟等；角膜混浊，流泪，常见于维生素 A 缺乏症；角膜混浊，严重者形成溃疡，见于慢性鸭瘟，也见于嗜眼吸虫病；瞬膜下形成黄色干酪样小球、角膜中央溃疡，常见于曲霉菌性眼炎。

14.鼻腔

鼻孔及其窦腔内有黏液性或浆液性分泌物，常见于鹅流行性感冒、鹅曲霉菌感染、大肠杆菌病、霉形体病，也见于棉籽饼中毒等；鼻腔内有牛奶样或豆腐渣样物质，常见于维生素 A 缺乏症。

15.口腔

流出水样混浊液体，常见于鹅裂口线虫病、鹅副黏病毒病、鸭瘟等；口腔流涎，常见于鹅误食喷洒农药的蔬菜或谷物引起的中毒，也偶见于鹅误食万年青引起的中毒；口腔流血，常见于某些中毒病，如鹅敌鼠钠盐中毒；口腔内有大蒜或刺鼻的气味，常见于有机磷（大蒜气味）及其他农药中毒；口腔黏膜有炎症或有白色针尖大的结节，常见于雏鹅维生素 A 和烟酸缺乏症，也见于鹅采食被蚜虫或蝶类幼虫寄生的蔬菜或青草引起的口腔炎症；口腔黏膜形成黄白色、干酪样假膜或溃疡，甚至蔓延至口腔外部，嘴角亦形成黄白色假膜，常见于鹅霉菌性口炎，即鹅口疮。

16. 肛门和泄殖腔

肛门周围有炎症、坏死和结痂病灶，常见于泛酸缺乏症；肛门周围有稀粪沾污，常见于禽副伤寒、大肠杆菌病、鹅副黏病毒病、鸭瘟等；泄殖腔黏膜充血或有出血点，常见于各种原因引起的泄殖腔炎症，如前殖吸虫病、鹅副黏病毒病等，有时也见于禽霍乱；泄殖腔黏膜出血有假膜结痂或形成溃疡，常见于典型的鸭瘟；泄殖腔黏膜肿胀、充血、发红或发紫以及肛门周围组织发生溃烂脱落，常见于禽隐孢子虫病、鹅前殖吸虫病、鹅淋球菌病和慢性泄殖腔炎（严重的泄殖腔炎可引起肛门外翻、泄殖腔脱垂）。

17. 粪便

大便稀，临床上见于细菌、霉菌、病毒和寄生虫等病原引起鹅的腹泻，如禽副伤寒，小鹅瘟、绦虫病、吸虫病等，也见于某些营养代谢病和中毒病，如维生素 E 缺乏症、有机磷农药中毒、误食万年青中毒以及采食寄生在蔬菜或青草的蚜虫及蝶类幼虫引起的中毒等；大便稀，带有黏液状并混有小气泡，常见于雏鹅维生素 B_2 缺乏症，或采食过量的蛋白质饲料引起消化不良、小鹅瘟等；大便稀，带有黏稠、半透明的蛋清或蛋黄样，常见于卵黄性腹膜炎（蛋子瘟）、输卵管炎、产蛋鹅的前殖吸虫病等；大便稀，呈青绿色，常见于鹅副黏病毒病、慢性禽霍乱等；大便拉稀，呈灰白色并混有白色米粒样物质（绦虫节片），见于鹅绦虫病；大便稀，并混有暗红或深紫色血液，常见于鹅球虫病、鹅裂口线虫病，有时亦见于禽霍乱；大便呈石灰样，常见于鹅痛风病，也可见于维生素 A 缺乏症和磺胺药中毒等；大便呈血水样，常见于球虫病，有时也偶见于磺胺药中毒以及呋喃丹中毒和敌鼠钠中毒。

18. 鹅蛋

蛋壳薄，常见于禽副伤寒、大肠杆菌病、鹅副黏病毒病、鸭瘟以及维生素 D 和钙磷缺乏症等疾病，也见于夏季热应激；无蛋黄，常见于异物（如寄生虫、脱落的黏膜组织、小的血块等）落入输卵管内，刺激输卵管的蛋白分泌部位，使其分泌出蛋白包住异物，然后再包上壳膜和蛋壳而形成的，也见于输卵管太狭窄，产出很小的无蛋黄的畸形蛋；双黄蛋，偶见于刚开产的鹅和食欲旺盛的产蛋鹅，两个蛋黄同时或间隔很短时间从卵巢落入输卵管后同时被蛋白壳膜和蛋壳包上而形成体积特别大的双黄蛋；双壳蛋，即具有两层蛋壳的蛋，见于鹅产蛋时受惊后输卵管发生逆蠕动，蛋又退回蛋壳分泌部，刺激蛋壳腺再次分泌出一层蛋壳，而使蛋具有两层蛋壳。

三、病理剖检诊断

鹅病虽种类繁多，但许多鹅病在剖检病变方面具有一定的特征，因此，利用尸体剖检观察病变可以验证临床诊断和治疗的正确性，是诊断疾病的一个重要手段。

（一）鹅体剖检技术

1. 鹅体剖检要求

（1）正确掌握和运用鹅体剖检方法 若方法不熟练，操作不规范、不按顺序，乱剪乱割，影响观察，易造成误诊，贻误防治时机。

（2）防止疾病散播 剖检时如果剖检地点不合适、消毒不严格、尸体处理不当等，不仅引起病原在本场传播，而且能污染环境。所以，剖检地点时远离鹅舍，必须注意严格消毒和病死鹅的无害化处理。

① 选择合适的剖检地点。鹅场最好建立尸体剖检室，剖检室设置在生产区和生活区的下风方向和地势较低的地方，并与生产区和生活区保持一定距离，自成单元；若养鹅场无剖检室，剖检尸体时选择在比较偏僻的地方，要远离生产区、生活区、公路、水源等，以免剖检后，尸体的粪便、血污、内脏、杂物等污染水源、河流，或由于车来人往等传播病原，造成疫病扩散。

② 严格消毒。剖检前对尸体喷洒消毒，避免病原随着羽毛、皮屑一起被风吹起传播。剖检后将死鹅放在密封的塑料袋内，对剖检场所和用具彻底消毒。剖检室的污水和废弃物必须经过消毒处理后方可排放。

③尸体无害化处理。有条件的鹅场应建造焚尸炉或发酵池，以便处理剖检后的尸体，其地址的选择既要使用方便，又要防止病原污染环境。无条件的鹅场对剖检后的尸体要进行焚烧或深埋。

（3）准备好剖检器具　剖检鹅体，准备剪刀、镊子即可。根据需要还可准备手术刀、标本皿、广口瓶、福尔马林等。此外，还要准备工作服、胶鞋、橡胶手套、肥皂、毛巾、水桶、脸盆、消毒剂等。

2.鹅体剖检方法

剖检病鹅最好在死后或濒死期进行。对于已经死亡的鹅只，越早剖检越好，因时间长了尸体易腐败，尤其夏季，使病理变化模糊不清，失去剖检意义。如暂时不剖检的，可暂存放在4℃冰箱内。解剖前先体表检查，再剖检。

先用消毒药水将羽毛擦湿，防止羽毛及尘埃飞扬。解剖活鹅应先放血致死，方法有两种：一种可在口腔内耳根旁的颈静脉处用剪刀横切断静脉，血沿口腔流出，此法外表无伤口；另一种为颈部放血，用刀切断颈动脉或颈静脉放血。

将被检鹅仰放在搪瓷盘上，此时应注意腹部皮下是否有腐败而引起的尸绿。用力掰开两腿，直至髋关节脱位，将两翅和两腿摊开，或将头、两翅固定在解剖板上。沿颈、胸、腹中线剪开皮肤，再从腹下部横向剪开腹部，并延至两腿皮肤。由剪处向两侧分离皮肤。剥开皮肤后，可看到颈部的气管、食道、嗉囊、胸腺、迷走神经以及胸肌、腹肌、腿部肌肉等。根据剖检需要，可剥离部分皮肤。此时可检查皮下是否有出血、胸部肌肉的黏稠度，颜色是否有出血点或灰白色坏死点等。

皮下检查完后，在泄殖腔腹侧将腹壁横向剪开，再沿肋软骨交界处向前剪，然后一只手压住鹅腿，另一只手握龙骨后缘向上拉，使整个胸骨向前翻转露出胸腔和腹腔，注意胸腔和腹腔器官的位置、大小、色泽是否正常，有无内容物（腹水、渗出物、血液等），器官表面是否有冻胶状或干酪样渗出物，胸腔内的液体是否增多等。

观察气囊，气囊膜正常为一透明的薄层，注意有无混浊、增厚或被覆渗出物等。如果要取病料进行细菌培养，可用灭菌消毒过的剪刀、镊子、注射器、针头及存放材料的容器采取所需要的组织器官。取完材料后可检查各个脏器。剪开心包囊，注意心包囊是否混浊或有纤维性渗出物黏附，心包液是否增多，心包囊与心外膜是否黏连等，然后顺次取出各脏器。

首先把肝脏与其他器官连接的韧带剪断，再将脾脏、胆囊随同肝脏一块摘出。接着，把食道与腺胃交界处剪断，将脾胃、肌胃和肠管一同取出体腔（直肠可以不剪断）；剪开卵巢系膜，将输卵管与泄殖腔连接处剪断，把卵巢和输卵管取出。雄鹅剪断睾丸系膜，取出睾丸；用器械柄钝性剥离肾脏，从脊椎骨深凹中取出；剪断心脏的动脉、静脉，取出心脏；用刀柄钝性剥离肺脏，将肺脏从肋骨间摘出。

剪开喙角，打开口腔，把喉头与气管一同摘出，再将食道、食道膨大部一同摘出。

剪开鼻腔。从两鼻孔上方横向剪断上喙部，断面露出鼻腔和鼻甲骨。轻压鼻部，可检查鼻腔有无内容物。

剪开眶下窦。剪开眼下和嘴角上的皮肤，看到的空腔就是眶下窦。

脑的取出。将头部皮肤剥去，用骨剪剪开顶骨缘、颧骨上缘、枕骨后缘，揭开头盖骨，露出大脑和小脑。切断脑底部神经，大脑便可取出。

外部神经的暴露。迷走神经在颈椎的两侧，沿食道两旁可以找到。坐骨神经位于大腿两侧，剪去内收肌即可露出。腰荐神经丛，将脊柱两侧的肾脏摘除，便能显露出来。臂神经，将鹅背朝上，剪开肩胛和脊柱之间的皮肤，剥离肌肉，即可看到。

3.解剖检查注意事项

剖检时间越早越好，尤其在夏季，尸体极易腐败，不利于病变观察，影响正确诊断。若尸体已经腐败，一般不再剖检。剖检时，光线应充足。剖检前要了解病死鹅的来源、病史、症状、治疗经过及防疫情况。剖检时必须按顺序观察，做到全面细致，综合分析，不可主观片面，马马虎虎。做好剖检用具和场所的隔离消毒。做好剖检尸体、血水、粪便、羽毛和污染的表土等无害化处理（放入深埋坑内，撒布

消毒药和新鲜生石灰盖土压实）。同时要做好自身防护（穿戴好工作服，戴上手套）。剖检时要做好记录，检查完后找出其主要和一般特征性病理变化，作出分析和比较。

（二）病理剖检变化

1.皮肤

皮肤苍白，见于各种因素引起的内出血，如脂肪肝综合征和禽副伤寒引起的肝破裂；皮肤暗紫，见于各种败血性传染病，如禽霍乱、鹅副黏病毒病等；皮下水肿，见于禽李氏杆菌病；皮下出血，见于某些传染病，如禽霍乱、鹅流行性感冒等；胸腹部皮肤呈暗紫或淡绿色，皮下呈胶冻样水肿，见于肥育仔鹅维生素 E 及硒缺乏症；胸部皮下化脓或坏死，见于鹅外伤引起皮肤感染葡萄球菌、链球菌或其他细菌所致。

2.肌肉

肌肉苍白，常见于各种原因引起的内出血，如脂肪肝综合征等，也见于住白细胞虫病；肌肉出血，常见于硒及维生素 E 和维生素 K 缺乏症；肌肉坏死，常见于维生素 E 缺乏症；肌肉中夹有白色芝麻大小的梭状物，见于葡萄球菌、链球菌等细菌感染引起的肉芽肿；肌肉表面有尿酸盐结晶，见于内脏型痛风。

3.胸腺

胸腺肿大、出血，常见于某些急性传染病，如鸭瘟、禽霍乱，也见于某些寄生虫病，如住白细胞虫病；胸腺出现玉米粒大的肿胀，多见于成年鹅的结核病；胸腺萎缩，见于营养缺乏症。

4.呼吸系统

气管、支气管、喉头有黏液性渗出物，常见于鹅流行性感冒、曲霉菌病、霉形体病、鹅副黏病毒病、鸭瘟等；气管和支气管内有寄生虫，见于鹅舟形嗜气管吸虫和支气管杯口线虫；肺、气囊肺淤血、水肿，常见于急性传染病，如禽霍乱、禽链球菌病、大肠杆菌败血症等，也见于棉籽饼中毒；肺实质有淡黄色小结节，气囊有淡黄色纤维素渗出或结节，常见于雏鹅曲霉菌病；肺及气囊有灰黑色或淡绿色霉斑，常见于青年鹅或成年鹅曲霉菌病；肺有淡黄色或灰白色结节，见于成年鹅的结核病；肺肉变或出现肉芽肿，常见于大肠杆菌病和沙门氏菌病；胸、腹气囊混浊、囊壁增厚或者含有灰白色或淡黄色干酪样渗出物，常见于霉形体病、鹅流行性感冒、大肠杆菌病、禽流感、禽副伤寒、禽链球菌病、衣原体病等。

5.胸腔和心脏

胸腔积液，见于肥育仔鹅腹水症和敌鼠钠盐中毒；心包积液或含有纤维素渗出，常见于禽霍乱、鸭瘟、禽流感、大肠杆菌病、禽李氏杆菌病、鹅螺旋体病原体病以及某些中毒病，如食盐中毒、氟乙酰胺中毒、磷化锌中毒等；心冠脂肪出血或心内外膜有出血斑点，常见于禽霍乱、鹅流行性感冒、鸭瘟、大肠杆菌败血症、食盐中毒、棉籽饼中毒、氟乙酰胺中毒等；心包及心肌表面附有大量的白色尿酸盐结晶，常见于内脏型痛风；心肌有灰白色坏死或有小结节或肉芽肿样病变，常见于禽李氏杆菌病、大肠杆菌病、禽副伤寒等；心肌缩小、心肌脂肪消耗或心冠脂肪变成透明胶冻样，这是心肌严重营养不良的表现，常见于慢性传染病，如结核病、慢性副伤寒以及严重的寄生虫感染等；心肌变性，常见于维生素 E 和硒缺乏症、鹅住白细胞虫病等。

6.腹腔

腹腔内有淡黄色或暗红色腹水及纤维素渗出，常见于肥育仔鹅腹水综合征、大肠杆菌病、慢性禽副伤寒、住白细胞虫病等；腹腔内有血液或凝血块，常为急性肝破裂的结果，如成年鹅副伤寒、鹅脂肪肝综合征等；腹腔中有一种淡黄色黏稠的渗出物附着在内脏表面，常为卵黄破裂引起的卵黄性腹膜炎，病原多见于大肠杆菌，有时也见于沙门氏菌和巴氏杆菌；腹腔器官表面有许多菜花样增生物或有很多大小不等的结节，常见于大肠杆菌肉芽肿、成年鹅的结核病等；腹腔中，尤其在内脏器官表面有一种石灰样物质沉着，鹅内脏型痛风特征性的病变。

7.肝脏

肝脏肿大，表面有灰白色斑纹或有大小不等的肿瘤结节，常见于淋巴白血病（有些病例肝脏的重量比正常的重量增加 2~3 倍）；肝脏

肿大，并出现肉芽肿，常见于大肠杆菌病；肝脏肿大、瘀血，表面有散在的或密集的坏死点，常见于急性禽霍乱、禽副伤寒、大肠杆菌病、衣原体病、螺旋体病、鹅流行性感冒、禽李氏杆菌病、禽链球菌病等，有时也见于鸭瘟、小鹅瘟、鹅副黏病毒病等；肝脏肿大，有出血斑点，常见于鹅螺旋体病、禽霍乱、磺胺药中毒以及痢特灵中毒等，也见于鸭瘟早期的肝脏病变；肝脏肿大，呈青铜色或古铜色或墨绿色（一般同时伴有坏死小点），常见于大肠杆菌病、禽副伤寒、禽葡萄球菌病、禽链球菌病等；肝脏肿大、硬化，表面粗糙不平或有白色针尖状病灶，常见于慢性黄曲霉毒素中毒；肝脏肿大，有结节状增生病灶，常见于成年鹅的肝癌；肝脏肿大，表面有纤维蛋白覆盖，常见于衣原体病、大肠杆菌病等；肝脏肿大，呈淡黄色脂肪变性，切面有油腻感，常见于脂肪肝综合征，也见于维生素 E 缺乏症和鹅流行性感冒以及住白细胞虫病；肝脏萎缩、硬化，常见于腹水症晚期的病例和成年鹅的黄曲霉毒素中毒。

8. 脾脏

脾脏肿大，表面有大小不等的肿瘤结节，常见于淋巴白血病（有的脾脏大如鸽蛋）；脾脏有灰白色或黄色结节，常见于成年鹅结核病；脾脏肿大，有坏死灶或出血点，常见于禽霍乱、禽副伤寒、衣原体病以及鹅副黏病毒病和鹅流行性感冒等；脾脏肿大，表面有灰白色斑驳，常见于禽李氏杆菌病、淋巴白血病、大肠杆菌败血症、螺旋体病、禽副伤寒等。

9. 胆囊、胆管

胆囊充盈肿大，常见于急性传染病，如禽霍乱、禽副伤寒、小鹅瘟、鸭瘟等，也见于某些寄生虫病，如鹅的后睾吸虫病；胆囊缩小，常见于慢性消耗性疾病，如鹅绦虫病、吸虫病等；胆汁浓、呈墨绿色，常见于急性传染病；胆汁少、色淡或胆囊黏膜水肿，常见于慢性疾病，如严重的肠道寄生虫感染和营养代谢病。

10. 肾脏、输尿管

肾脏肿大、淤血，常见于禽副伤寒、链球菌病、螺旋体病、鹅流行性感冒等，也见于食盐中毒和痢特灵中毒；肾脏显著肿大，有肿瘤样结节，常见于淋巴白血病，也偶见于大肠杆菌引起的肉芽肿；肾脏肿大，表面有白色尿酸盐沉着，输尿管和肾小管充满白色尿酸盐结晶，是内脏型痛风的一种常见病变，也见于禽副伤寒、鹅肾球虫病、维生素 A 缺乏症、磺胺药中毒以及钙磷代谢障碍等疾病；输尿管结石，多见于痛风以及钙磷比例失调；肾脏苍白，常见于雏鹅的禽副伤寒、住白细胞虫病，严重的绦虫病、吸虫病、球虫病以及各种原因引起的内脏器官出血等。

11. 卵巢、输卵管

卵子形态不整、皱缩干燥和颜色改变及变形、变性，常见于禽副伤寒、大肠杆菌病，也偶见于慢性禽霍乱等；卵子外膜充血、出血，见于产蛋鹅急性死亡的病例，如禽霍乱、禽副伤寒，以及农药、灭鼠药中毒；卵巢形体显著增大呈熟肉样菜花状肿瘤，见于卵巢腺癌；寄生于输卵管的寄生虫，常见于前殖吸虫；输卵管内有凝固性坏死物质（凝固或腐败的卵黄、蛋白），常见于产蛋母鹅的卵黄性腹膜炎、禽副伤寒、禽流感等；输卵管脱垂于肛门外，常为产蛋鹅进入高峰期营养不足或是产双黄蛋、畸形蛋所为，也见于久泻不愈引起的脱垂。

12. 睾丸、阴茎

一侧或两侧睾丸肿大或萎缩，睾丸组织有多个小坏死灶，偶见于公鹅沙门氏菌感染；睾丸萎缩变性，见于维生素 E 缺乏症；阴茎脱垂、红肿、糜烂或有绿豆大小的小结节或者坏死结痂，多见于鹅大肠杆菌病，也见于淋球菌病，有时也见于阴茎外伤感染所致。

13. 食道

食道黏膜有许多白色小结节，见于维生素 A 缺乏症；食道黏膜有白色假膜和溃疡（口腔、咽部均出现），见于白色念珠菌感染引起的霉菌性口炎；食道下段或膜有灰黄色假膜、结痂，剥去假膜可出现溃疡，常为鸭瘟特征性的病变；食道下段黏膜有出血斑，见于鹅呋喃丹中毒。

14. 腺胃、肌胃

腺胃黏膜及乳头出血，见于鹅副黏病毒病，亦见于禽霍乱；腺胃与肌胃交界处有出血点，见于钩端螺旋体病；肌胃内较空虚其角质膜

变绿，常见于慢性疾病，多为胆汁返流所致；肌胃角质溃疡（尤其在肌胃与幽门交界处），常见于鹅裂口线虫病；肌胃角质层易脱落，角质层下有出血斑点或溃疡，见于鹅副黏病毒病、鸭瘟、禽李氏杆菌病、住白细胞虫病；寄生在肌胃内的寄生虫为鹅裂口线虫。

15.肠管

小肠肠管增粗、黏膜粗糙，生成大量灰白色坏死小点和出血小点，见于鹅球虫病；小肠黏膜呈急性卡他性或出血性炎症，黏膜深红色或有出血点，胸腔有多量黏液和脱落的黏膜，见于急性败血性传染病，如禽霍乱、禽副伤寒、禽链球菌病、大肠杆菌病等，以及早期的小鹅瘟病变，也见于某些中毒病，如呋喃丹中毒、氟乙酰胺中毒等；肠道黏膜出血，黏膜上有散在的淡黄色覆盖假膜结痂，并形成出血性溃疡，见于鹅副黏病毒病；肠壁生成大小不等的结节，见于成年鹅的结核病；肠道黏膜坏死，见于慢性禽副伤寒、坏死性肠炎、大肠杆菌病，以及维生素 E 缺乏症等；肠管某节段呈现出血发紫，且肠腔有出血或暗红色血凝块，见于肠系膜疝或肠扭转；肠管膨大，肠道黏膜脱落，肠壁光滑变薄，肠腔内形成一种淡黄色凝固性栓塞，见于典型的小鹅瘟；盲肠内有凝固性栓塞，见于慢性禽副伤寒；盲肠黏膜糜烂，见于雏鹅的纤细背孔吸虫病；盲肠出血，肠腔有血便，黏膜光滑，见于磺胺药中毒；十二指肠和空肠寄生虫，主要有膜壳绦虫、蛔虫、棘口吸虫；直肠寄生虫，主要有前殖吸虫、纤细背孔吸虫。

16.胰腺

胰腺肿大、出血或坏死、滤泡增大，见于急性败血性传染病，如禽霍乱、禽副伤寒、大肠杆菌败血症等也见于某些中毒病，如鹅氟乙酰胺中毒、敌鼠钠盐中毒、呋喃丹中毒等；胰腺出现肉芽肿，见于大肠杆菌、沙门氏菌引起的病变；胰腺萎缩，腺细胞内空泡形成，并有透明小体，临床上见于维生素 E 和硒缺乏症。

17.盲肠扁桃体

肿大、出血，见于某些急性传染病和某些寄生虫病，如禽霍乱、禽副伤寒、大肠杆菌病、鹅副黏病毒病、鸭瘟、鹅球虫病。

18. 腔上囊

腔上囊内的寄生虫，多为前殖吸虫；腔上囊肿大、黏膜出血，见于某些传染病和寄生虫病，如鸭瘟、隐孢子虫病、前殖吸虫病，有时也偶见鹅副黏病毒病、严重的绦虫病等；腔上囊缩小，见于营养缺乏症。

19. 脑

小脑软化、肿胀、有出血点或坏死，见于雏鹅维生素 E 缺乏症；脑及脑膜有淡黄色结节，常见于雏鹅曲霉菌感染；大脑呈树枝状充血及有出血点并发生水肿或坏死，见于雏鹅脑型大肠杆菌病和沙门氏菌病。

20. 甲状旁腺

肿大，见于缺磷、缺钙及缺乏维生素 D 引起的雏鹅佝偻病和成年鹅的软骨症。

21. 骨和关节

后脑颅骨软薄，见于雏鹅佝偻病和雏鹅维生素 E 缺乏症；胸骨呈 S 状弯曲，肋骨与肋软骨连接部呈结节性串珠样，常见于缺钙、缺磷或缺乏维生素 D 引起的雏鹅佝偻病或者严重的绦虫病感染而导致的鹅骨软症；胫骨软骨骨折，常见于佝偻病、骨软症，也见于肥育仔鹅饲喂含氟磷酸氢钙造成的骨质疏松；关节肿胀、关节囊内有炎性渗出物，常见于维鹅葡萄球菌、大肠杆菌、链球菌感染，也见于鹅慢性禽霍乱；关节肿大、变形，见于雏鹅佝偻病和生物素、胆碱缺乏症，以及锰缺乏症等，也见于关节痛风。

四、治疗诊断

有时候虽然经过某些项目的检验，仍不能对疫病作出确诊，在实验室确诊之前，可根据临床症状和病理变化先作出初步诊断，进行治疗，观察效果，也是一种重要的诊断手段。对于疑似病例使用特效药物或特殊治疗措施，如治疗效果显著，可作为确认依据之一。

第三节　鹅的常见病及防治

一、常见病毒病的防治

（一）小鹅瘟

小鹅瘟是由鹅细小病毒所致的雏鹅烈性传染病，常发生于 4~20 日龄的雏鹅（图 7-3），30 日龄以上则较少发病。但近年来有发病提前到出壳 2~3 天，最初发病的雏鹅常无任何症状而突然死亡，并迅速蔓延全群，且鹅只越小，发病率和死亡率越高。

图 7-3　小鹅瘟多发生于雏鹅

一般常见 7 日龄的雏鹅发病，表现为急性死亡，病程半天到 1 天，开始时病鹅离群独处、缩颈、步行艰难、食欲废绝、排出黄白色带有气泡的水样稀便，喙前端颜色深暗、流涕，继而出现颈部扭转、抽搐或瘫痪等神经症状而死亡。剖检发现病变主要在小肠的中下段，特别是靠近盲肠段，肠道比正常的粗 2~3 倍，质硬似香肠，肠腔中充塞淡黄白色的凝固物，像栓子状将肠道完全堵塞（图 7-4）。

该病可通过免疫注射预防，关键是在种鹅产蛋前 15 天左右，肌肉或皮下注射小鹅瘟活苗免疫，使母鹅至少在 100 天内所产种蛋孵出的雏鹅中，都带有抗小鹅瘟的母源抗体。种鹅在第 1 次免疫以后 100 天左右再进行第 2 次免疫接种，使免疫期再延长 5 个月。未经免疫的种鹅孵出的雏鹅在出壳 48 小时内也可免疫，在 7 天后才能有免疫力，但这样存在较大的风险。此外，该病也可用抗小鹅瘟血清被动免疫，作为紧急预防和治疗。雏鹅出壳后立即皮下注射同源抗小鹅瘟

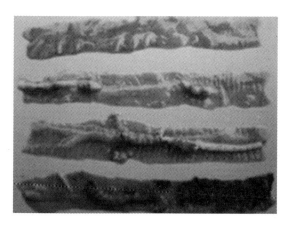

图 7-4　感染小鹅瘟的病鹅剖检后可见其肠道出血、肠壁变薄、肠腔内形成栓子状堵塞

高免血清 0.5 毫升，可有效控制该病；对已感染的雏鹅群，每只皮下注射 0.6~0.8 毫升高免血清，保护率可达 80% 左右；对已感染发病的早期雏鹅，皮下注射 1 毫升高免血清，治愈率约为 50%。

（二）鹅副黏病毒病

该病是 1997 年我国新发现的由鹅副黏病毒所致的烈性传染病，全年均可流行，出壳后 3 日龄的雏鹅即可发病。在 2 周龄以内的雏鹅群的发病率和死亡率可达 100%，随着日龄的增长，发病率和死亡率会明显下降，平均发病率 60%，死亡率 40%。种鹅群患病后死亡率 30%~40%，但产蛋停止，需经过 1 个多月才能恢复产蛋，但产蛋率很难达到高峰。

发病初期病鹅精神委顿无力，常卧地不起，少食或拒食，常出现扭颈、仰头等神经症状（图 7-5），病鹅先拉灰白色稀便

图 7-5　鹅副黏病毒病导致鹅出现的扭颈、仰头等神经症状

后变为黄绿色稀便，并时有摇头、咳嗽等呼吸症状。在食道黏膜可见芝麻大小灰白色或淡黄色的结痂。还有些病鹅的腺胃和肌胃充血、出血。

任何日龄的鹅均可感染该病，因此，其危害程度大于小鹅瘟。在该病已经发生流行的地区要尽早免疫，由于油乳剂灭活苗产生的免疫力较慢，且免疫期短，因此，要经过多次接种，才能有效地保护鹅群。雏鹅出壳后 2~7 日龄，接种 1 号剂型灭活苗，每只雏鹅皮下注射 0.5 毫升；若为已经免疫接种过的种鹅繁殖的雏鹅，因带有母源抗体，可在 10~15 日龄内接受首次免疫。至 50 日龄时，再用 1 号剂型灭活苗，每只鹅肌内注射 0.5 毫升。若留作种鹅，产蛋前 15 天再进行 1 次 1 号剂型灭活苗免疫，每只鹅肌内注射 1 毫升。对已经发生该病并流行的地区，在对健康鹅群除采取消毒、隔离、封锁等措施外，应紧急注射 2 号剂型灭活苗，每只皮下注射 0.5 毫升，种鹅 1 毫升。5~7 天后即能产生免疫力，但在 1 个月后要再用 1 号剂型灭活苗加强免疫 1 次。

（三）鸭瘟病毒感染

鸭瘟（Duck Plague，DP）又称鸭病毒性肠炎（DVE），是鸭、鹅、天鹅的一种急性、热性、败血性传染病，其特征是血管损伤导致组织出血，体腔溢血，消化道黏膜坏死性病变，淋巴器官受损以及实质器官的退行性变化。病期一般 2~5 天，从 7 日龄雏鹅到成鹅均可感染发病，其中以 15~50 日龄的鹅最为严重，死亡率可达 70% 以上。

病鹅精神沉郁，常伏卧不起，不愿下水，流鼻涕，眼睑肿胀，流泪，摇头，有些病鹅头部肿大。拉黄白色或绿色稀便，临死前往往口中流出淡黄色带臭味的混浊液体。剖检可见死鹅体表皮下有大小不等的出血斑。头肿大、鼻腔有炎性或脓样分泌物，口腔和食道有黄白色假膜。腺胃黏膜和肌胃角质膜下充血或出血，十二指肠、空肠和回肠有黄豆大小坏死病灶，刮除后呈现红色灶痕。肝有不规则黄色坏死灶，心内膜有充血或出血点，在直肠和泄殖腔也有灰黄色的坏死灶。

对于该病无有效药物治疗，只能在发病疫区做好预防工作，每年两次对种鹅群用鸭瘟弱毒苗预防接种，剂量为鸭的 30 头份。该病一旦发生流行，应立即将外观精神好的鹅隔离作为假定健康鹅群，并紧急预防接种。10 日龄雏鹅可注射 10 头份鸭瘟疫苗，15 日龄以下的雏鹅用 15 头份鸭瘟疫苗接种，15~30 日龄的鹅用 20 头份剂量，30日龄以上则用 30 头份疫苗。接种时必须坚持每注射 1 只鹅换 1 只消毒针头，以防止人为传播疫病。一般注射后 5~7 天鹅即可产生免疫力而控制疫情。同时，还须加强消毒隔离以及病死禽的无害化处理等工作，才能有效地控制疫情。

二、常见细菌病和真菌病的防治

（一）鹅出血性败血病

鹅出血性败血病是由禽多杀性巴氏杆菌所致的各种禽类均能感染的一种急性败血性传染病，故又名禽巴氏杆菌病或禽霍乱。该病多发生于青年鹅或种鹅，而雏鹅和仔鹅较少发病。通常由于不良的应激条件，如鹅群饲养密度过高、营养缺乏、长途运输、强制填饲或天气突变、通风不良等情况下，都会引发该病的流行。

该病开始时常不显任何症状而有少数几只鹅突然死亡，接着有些鹅出现精神沉郁、食欲废绝，消化不良，拉黄白色或绿色稀便，呼吸急促，经 1~3 天死亡，也有急性但不死亡而转成慢性的病例。解剖死鹅可见在心冠脂肪和心肌有出血点，肝脏肿大，质地变硬，肝表面散布许多灰白色针头大小的坏死点，十二指肠有卡他性肠炎或出血性肠炎。

预防：可在该病流行季节的前 15 天，注射禽霍乱灭活苗或活菌苗。已经感染该病的鹅可用青霉素和链霉素混合肌内注射，采用剂量为 10 万~20 万单位/千克（活重），每天 2 次，连用 2~3 天可迅速控制病情并减少死亡。与此同时，要用禽霍乱灭活苗进行紧急接种，并做好消毒、隔离等工作，可有效遏制该病。

（二）蛋子瘟

鹅蛋子瘟又名卵黄性腹膜炎，是由一定血清型大肠杆菌所致的一种破坏产蛋期母鹅生殖器官的疾病，故又称大肠杆菌性生殖器官病。该病的发生随母鹅产蛋而开始，随产蛋的结束而结束。发病率的高低随产蛋时间早迟而不同，在产蛋高峰期及寒冷季节最高，可达25%以上，死亡率约15%。

公鹅患病后阴茎肿大，表面有芝麻至黄豆大小的小结节，严重时阴茎脱垂，失去交配能力，但不会引起死亡，而会传染该病。发病的产蛋母鹅精神沉郁，食欲不振，不愿走动。病鹅泄殖腔周围沾有污秽发臭的排泄物，其中，混有蛋清和小块蛋黄。最终病鹅脱水，眼球凹陷，衰竭而死。剖开腹腔即可见充满淡黄色腥臭的液体和破裂的卵黄，腹腔器官表面覆盖一层淡黄色凝固物，肠系膜发炎，肠管互相黏结并有出血点，卵巢中卵子变形，有的皱缩，呈灰色、酱色不等，积留在腹中的卵黄液凝固成硬块，输卵管发炎有纤维素性渗出物。

防治该病时应该在母鹅产蛋前15天左右注射多价蛋子瘟灭活苗，一般免疫期可达5个月，保护率约95%。已经发生该病的鹅群，在选用庆大霉素、恩诺沙星等抗生素治疗的同时，要紧急注射鹅大肠杆菌的灭活苗进行免疫，一般1周后即能控制该病。此外，还必须逐只检查公鹅，将阴茎上有病变的公鹅及时淘汰，以免传播该病。

（三）鹅鸭疫里默氏杆菌病

2000年，我国出现鹅鸭疫里默氏杆菌病，该病是由几种不同血清型鸭疫里默氏杆菌所致的2~7周龄的雏鹅和仔鹅的急性或慢性败血症，又称传染性浆膜炎。该病常发生于低温、阴冷、潮湿的季节，在冬、春季较为多发。发病率和死亡率与其他病原微生物的并发感染，以及环境条件的改变等应激因素有关。

病鹅精神沉郁、闭目昏睡、喙抵地面、两肢软弱、不愿行动、拉黄绿色稀便，病重时出现神经症状，并很快死亡。解剖可见心包炎、肝周炎及败血症。

在该病的流行区域，雏鹅1周龄时应进行多价灭活苗免疫注射。对患病鹅群可用灭活苗进行紧急防治，同时，用抗生素或磺胺类药物配合治疗，有良好的疗效。

（四）鹅曲霉菌病

鹅曲霉菌病又称曲霉菌性肺炎，是由烟曲霉菌所致的霉菌病。该病主要发生于南方的梅雨季节，雏鹅食入发霉的饲料或在发霉的垫草上饲养从而被感染。该病发生时大都呈急性暴发，病鹅一般在2~3天死亡，也有拖到5天以后，死亡从5日龄开始到15日龄可达高峰，20日龄后逐渐下降。30日龄以上仔鹅及种鹅仅见个别零星散发。

病鹅以呼吸症状为主，常见呼吸困难，张口伸颈，胸腹式呼吸，有"沙沙的"喘息声，在眼及鼻部流浆液，常见一侧眼睑肿胀，有甩头现象。剖检病变主要在肺部和气囊，可见有灰白色或黄白色、大小不一、突出表面的球形结节，从粟粒到蚕豆大小；有时在肺、气囊、气管和腹腔可见到霉斑。

预防该病的最根本方法就是勤换晒育雏室的垫草，保持室内清洁干燥并通气良好，适当降低雏鹅的饲养密度。对已污染的场地要彻底消毒并隔离病鹅。治疗可用制霉菌素，每只病鹅每次用10万单位，每天2次，连喂3天，停喂2天后再喂药3天。此外，可用1%碘化钾溶液加入饮水，让鹅群任意饮用，连服3天，也可让鹅群自由饮服0.03%的硫酸铜溶液，按每只每天4~6毫升，连服3~5天，但应严防硫酸铜中毒。

（五）鹅念珠菌病

鹅念珠菌病又名鹅口疮，是由白色念珠菌引起的鹅消化道的霉菌性传染病。白色念珠菌在自然界广泛存在，各种应激因素是暴发该病的主要原因。

鹅患该病后生长缓慢，精神委顿，打开两喙可见舌面发生溃疡，口腔黏膜形成黄色假膜性斑块。病鹅吞咽困难，呼吸急促，频频伸颈

张口，食道扩大部肿大下垂，挤压时有酸臭的内容物从口中流出。剖检可见口腔、咽喉、食道到整个食道扩大部的黏膜肿胀、坏死，表面覆盖有灰白色或黄白色干酪样假膜，去除假膜后可见红色的溃疡面。

治疗该病可用制霉菌素，在每千克饲料中拌入 0.2 克药物，连用 3~4 天，同时，在饮水中加入硫酸铜，配成 0.05% 溶液，连饮 7 天。也可以用克霉唑，按照每 100 只雏鹅用 1 克拌在饲料中喂服效果更佳。病鹅口腔溃疡处可用碘甘油涂擦。

三、常见寄生虫病及防治

（一）鹅球虫病

寄生于鹅的球虫种类有很多，最为常见的是肠球虫，主要发生于 15 日龄以后的雏鹅，病鹅先排稀便，随后稀便中带血，病重时拉血便；病鹅食欲废绝，饮水增加，严重贫血，消瘦，出现痉挛等神经症状而死亡，发病率和死亡率均高；成鹅多为隐性带虫者而症状不明显。鹅球虫病主要通过病鹅排出带有球虫卵囊的粪便而传播，在温暖潮湿的季节多发。

该病的主要防治措施是搞好卫生工作，在育雏阶段采用将雏鹅和鹅粪分离的方式，能有效控制该病。雏鹅下地后要注意经常更换和翻晒垫草，保持垫草的清洁干燥，污染的垫草和鹅粪应堆肥发酵处理。要坚持实行"全进全出"制，不要将多批次的小鹅或者与种鹅饲养在一起，以免互相传染。

药物防治可使用抗球虫药，有良好的预防和治疗作用。如球痢灵或球虫净以 0.0125% 浓度拌入饲料，从雏鹅 10 日龄开始连续饲喂到仔鹅 60 日龄停药；如雏鹅群暴发该病，可用 0.025% 的浓度拌入饲料中连喂 3~5 天；也可用氯苯胍或盐霉素以 0.005%~0.006% 的浓度拌入饲料中，从雏鹅 10 日龄到 60 日龄连续使用。

（二）鹅绦虫病

鹅是水禽，容易感染到由矛形剑带绦虫等多种绦虫所致的鹅肠道绦虫病，当虫体大量寄生在鹅小肠时，可阻塞肠道，破坏和影响鹅的消化，吸取鹅的营养，并能产生毒素使鹅生长发育受阻，严重时还常造成仔鹅较高的死亡率，甚至影响到填鹅肥肝的效果。

因此，在每年秋末种鹅产蛋前，要进行全群服药驱虫，保证越冬的种鹅体内无虫。采用吡喹酮驱虫安全有效，按 10~20 毫克 / 千克（鹅活重）用药，拌入饲料中一次喂给。硫双二氯酚也具有较好的驱虫效果，可采用一次内服 150~200 毫克 / 千克（鹅活重）的剂量。一般早晨喂药后 12 小时即可排出虫体，因此，晚上要把鹅围在鹅舍中，经过一夜后基本排完虫体，次日早晨放出鹅群，将鹅舍中的鹅粪及排出的绦虫以及垫料一起清除，集中堆肥发酵处理。而雏鹅在 40 日龄左右时也要全群驱虫 1 次，直到仔鹅 84 日龄进入预饲期时，还须再驱虫 1 次。后备种鹅则在 4~5 月龄时要再次驱虫。

（三）鹅裂口线虫病

鹅的裂口线虫主要寄生在鹅的肌胃角质层下，形成虫道，引起溃疡，雏鹅的感染率甚高，影响其食欲和生长，使病鹅消瘦、下痢、贫血，严重时衰竭死亡。解剖死鹅可见肌胃的角质层易碎、坏死并呈棕色，剥去角质层，黏膜面有溃疡，同时可以找到虫体。成鹅则为带虫者，症状不明显。

防治该病首先要将大、小鹅群分开放牧，若放牧地已经被污染，则应停止在该地放牧 30~45 天，让虫卵发育成的侵袭性幼虫自然死亡。同时，用驱虫净驱虫，可按 0.01% 的浓度溶于饮水中，连续饮用 7 天为 1 个疗程。在投药后的 3 天内，应彻底清除鹅粪，并连垫料一起堆肥发酵。

（四）鹅虱

鹅的羽虱（图 7-6）是一种外寄生虫，寄生于鹅的羽毛和体表，在冬春季大量繁殖，啮食鹅的羽毛、皮屑及血液，使鹅骚动不安，影响鹅只的正常休息、生长、产蛋及育肥。

在防治方面可用胺丙畏配成0.02%的药液，于夜间喷洒在鹅的羽毛、产蛋箱及鹅舍地面。也可将鹅倒拎，用2%的除虫菊粉、3%~5%的硫黄粉或5%的氟化钠

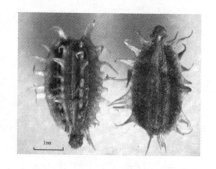

图7-6　鹅虱

粉，撒布在鹅的羽毛中来杀灭鹅虱。此外，在仔鹅转入预饲车间时也应进行1次检查，若发现鹅虱要立即杀灭，以保证随后填鹅能安静地育肥。

四、其他疾病

（一）中暑

中暑又叫日射病、热衰竭病，是鹅在酷暑中易发的疾病。由于鹅的羽毛致密而皮肤又缺乏汗腺，其散热途径主要靠张口呼气、翅膀张开下垂或在水中散热。故在暑天长时间野外放牧，受烈日暴晒，加之缺乏水源而致中暑。病鹅呼吸急迫，张口喘气，翅膀张开下垂，体温升高。步样跟跄，不能站立，严重虚脱，很快发生惊厥而死亡。剖检大脑和胸膜充血、出血，血液凝固不良，尸冷慢。

防治。在炎热天应选择有树荫和有水源的草地放牧，中午应在树荫下休息。应定时赶鹅到水中浮游。发现有中暑症状时，应立即将病鹅移到通风阴凉的地方，或把病鹅放在凉水中浸一会儿，以降低体温，一般不需药物治疗即可恢复。

（二）硬嗉病

硬嗉病其表现是食道膨大部肿大，触诊坚实，里面充满硬固实物，停留1~2天不消化。其原因是小鹅消化机能不健全，母鹅刚放出巢饥饿贪食，或者吃入粗硬多纤维的饲料、过大的块根饲料，或咽

下鸭毛、鹅毛、麻绳等异物而引起硬嗉病。病鹅神态不安，翅膀下垂，呆立不动，食欲废绝。

防治。注意饲料的加工调制，粗硬多纤维和过大的块根类饲料粉碎；饲喂要定量，避免过食。对患鹅用注射器直接将植物油注入硬固的食道膨大部，用手轻轻揉压并向食管下方推动使其进入胃内。严重病例可在食道膨大部切一个 2~3 厘米的小口，将阻塞物取出，用 0.1% 的高锰酸钾冲洗干净再缝合。术后 1~2 天不喂料。

（三）咽喉炎

咽喉炎的表现是咽喉周围组织充血、肿胀和疼痛，填饲时鹅挣扎不安，填饲管不易插入食道。触诊咽喉时，鹅摇头抗拒检查。其原因是生产肥肝时，填饲操作不慎，填饲管强行插入，造成机械损伤，引起咽喉膜及其深层组织发炎。

防治。填饲管要光滑，管口要圆钝，无缺口。填饲前要先在填饲管上抹油，以增加润滑度。填饲员的指甲要剪光磨平，拉鹅舌的动作要轻，插入填饲管要慢且角度正确。若发现鹅有轻度炎症，可内服土霉素，每次半粒（0.125 克），日服 2 次，局部用磺胺软膏涂擦。如鹅的咽喉部破损严重，则应及早淘汰。

（四）输卵管脱垂

本病又称输卵管外翻。新开产的高产母鹅为多发，一种情况是由于产蛋过大而发生难产时，过分用力努责而引起输卵管外翻；另一种情况是因母鹅输卵管及泄殖腔发炎时，由于局部不断受刺激，频频努责，企图把肛门内的刺激物排出去，而引起输卵管和泄殖腔脱垂。肛门外脱出一段充血发红的输卵管，时间稍长即变成暗紫红色。病鹅不安，精神沉郁，食欲减少。脱垂时间过长，输卵管发生坏死、溃烂，因细菌感染而引起败血症死亡。

防治。及早发现，及时治疗，一般可以痊愈，治疗可采用如下方法。

① 把脱出的部分用 0.1% 高锰酸钾或 0.05% 呋喃西林或 2% 来

苏儿的冷水溶液冲洗干净，然后轻轻还纳复位。肛门四周皮肤做临时性袋口缝合。并可往输卵管内注入些冷消毒液，以减轻充血和促进收缩，每天 2 或 3 次，2~3 天可恢复。

② 用 1% 的普鲁卡因溶液冲洗或浸渍脱出部分，并在肛门周围做局部麻醉，以减轻发炎和疼痛感觉。把脱出的输卵管整复还原之后，在肛门周围皮肤做袋包缝合，防止输卵管继续脱垂。在治疗期间如果母鹅继续产蛋，脱垂反复出现，治疗效果不佳，可予淘汰。

（五）脚趾脓肿

脚趾脓肿又叫趾瘤病，是由于鹅脚趾底部及周围组织受到机械性损伤、局部细菌感染而形成。体型大的鹅容易发生本病。运动场地粗糙、坚硬，放牧时经过有大量沙砾的地方，都容易引起脚趾皮肤的损伤，因化脓菌感染而发生脚趾脓肿。患鹅脚底化脓肿胀，有的有黄豆大，有的有鸽蛋大。有的炎症蔓延到脚趾间组织、关节和腱鞘。在脓胀部位的组织中，蓄积炎性渗出物及坏死组织，经过一定时间脓肿逐渐干燥，变成干酪样。也有的脓肿溃烂后形成溃疡面，使患鹅行走困难，影响食欲，造成母鹅产蛋下降或停止。

防治。鹅舍和运动场的地面应铺平，放牧时应选择平坦的道路。早期病例可采用手术治疗，即切开患部排脓，用 1%~2% 来苏儿液冲洗，洒入土霉素粉，停止放牧，关养在干净鹅舍内，每天换药 1 次，7 天左右可痊愈。

（六）异物性肺炎

异物性肺炎是因为饲料干湿拌和不匀，鹅群大，饲喂不定时，造成鹅抢食过急，饲料误入气管及支气管中，引起异物性肺炎的发生。鹅采食后，突然抬头伸颈，张口摇头，咳嗽，呼吸困难，随后体温升高，不食，精神极度沉郁，不久窒息死亡。剖检可见喉头及鼻后孔有多量的干糠及黏液阻塞。气管及支气管内有饲料残留，气管及支气管壁充血。

防治。喂料必须定时、定量，避免鹅抢食过急。饲料拌和必须均匀，宁湿勿干。本病不易治疗。

（七）公鹅生殖器官疾病

公鹅生殖器官疾病的表现是阴茎露出后不能缩回，阴茎红肿，甚至感染化脓。如因交配频繁，则阴茎露出呈苍白色，久之变成暗红色。公鹅阳症者，则虽有爬跨，但阴茎伸不出来，无法交配。其原因是公鹅在寒冷天气配种，阴茎伸出后被冻伤，不能内缩，因而失去配种能力；也有的因公、母比例不当，公鹅长期滥配而过早地失去配种能力；再者，在水里配种时，阴茎露出后被蚂蟥咬伤，使阴茎受到感染发炎而失去配种能力。

防治。当阴茎受冻垂出不能缩回时，应及时用温水温敷，或用0.1%高锰酸钾温热溶液冲洗干净，涂以抗生素软膏或三磺软膏，并矫正其位置。对阳痿和阴茎已呈暗红色的鹅应予淘汰。合理调整公、母配种比例，一般应为1：（4~6）。另外，在母鹅产蛋期到来之前，提早给公鹅补料。

第四节　鹅场的免疫接种

一、免疫接种方法

鹅的免疫接种方法有饮水、滴眼滴鼻（图7-7）、皮下（图7-8）或肌内注射（图7-9）和气雾免疫等。目前，我国养鹅场的鹅群最常用的仍是注射法，个别使用滴眼滴鼻法。

图7-7　点眼滴鼻

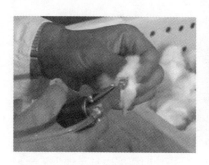

图 7-8　皮下注射　　　　　　图 7-9　肌内注射

1. 肌肉或皮下注射

肌肉或皮下注射免疫接种的剂量准确、效果确实，但耗费劳力较多，应激较大，在操作中应注意以下几项。

① 疫苗稀释液应是经消毒而无菌的，一般不要随便加入抗菌药物。

② 疫苗的稀释和注射量应适当，量太小则操作时误差较大，量太大则操作麻烦，一般以每只 0.2~1 毫升为宜。

③ 使用连续注射器注射时，应经常核对注射器刻度容量和实际容量之间的误差，以免实际注射量偏差太大。

④ 注射器及针头用前均应消毒。

⑤ 皮下注射的部位一般选在颈部背侧，肌内注射部位一般选在胸肌或肩关节附近的肌肉丰满处。

⑥ 针头插入的方向和深度也应适当，在颈部皮下注射时，针头方向应向后向下，针头方向与颈部纵轴基本平行。对雏鹅的插入深度为 0.5~1 厘米，日龄较大的鹅可为 1~2 厘米。胸部肌内注射时，针头方向应与胸骨大致平行，插入深度在雏鹅为 0.5~1 厘米，日龄较大的鹅可为 1~2 厘米。

⑦ 在将疫苗液推入后，针头应慢慢拔出，以免疫苗液漏出。

⑧ 在注射过程中，应边注射边摇动疫苗瓶，力求疫苗的均匀。

⑨ 在接种过程中，应先注射健康群，再接种假定健康群，最后接种有病的鹅群。

⑩ 关于是否一只鹅一个针头及注射部位是否消毒的问题，可根据实际情况而定。但吸取疫苗的针头和注射鹅的针头则应绝对分开，尽量注意卫生以防止经免疫注射而引起疾病的传播或引起接种部位的局部感染。

2.滴眼滴鼻

滴眼滴鼻的免疫接种如操作得当，免疫效果比较好，尤其是对一些预防呼吸道疾病的疫苗。当然，这种接种方法需要较多的劳动力，对鹅也会造成一定的应激，如操作上稍有马虎，则往往达不到预期的目的。这种免疫接种方法应注意以下几项。

① 稀释液必须用蒸馏水或生理盐水，最低限度应用冷开水，不要随便加入抗生素。

② 稀释液的用量应尽量准确，最好根据自己所用的滴管或针头事先滴试，确定每毫升多少滴，然后再计算实际使用疫苗稀释液的用量。

③ 为了操作准确，一手一次只能抓一只鹅，不能一手同时抓几只鹅。

④ 在滴入疫苗之前，应把鹅的头颈摆成水平的位置（一侧眼鼻朝天，一侧眼鼻朝地），并用一只手指按住向地面一侧鼻孔。

⑤ 在将疫苗液滴加到眼和鼻上后，应稍停片刻，待疫苗液确已吸入后再将鹅轻轻放回地面。

⑥ 应注意做好已接种和未接种鹅之间的隔离，以免走乱。

⑦ 为减少应激，最好在晚上接种，如天气阴凉也可在白天适当关闭门窗后，在稍暗的光线下抓鹅接种。

二、免疫程序制定

1.免疫程序

鹅场根据本地区、本场疫病发生情况（疫病流行种类、季节、易感日龄）、疫苗性质（疫苗的种类、免疫方法、免疫期）和其他情况制定的适合本场的一个科学的免疫计划称作免疫程序。没有一个免疫程序是通用的和固定不变的，必须根据本场的实际情况，参考别人已成功的经验来制定适合本地或本场的免疫程序。

2. 制定免疫程序应着重考虑下列的一些因素

① 本地或本场的鹅病疫情。对目前威胁本场的主要传染病应进行免疫接种。对本地和本场尚未证实发生的疾病，必须证明确实已受到严重威胁时才能计划接种，对强毒型的疫苗更应非常慎重，非不得以不引进使用。

② 母源抗体的影响，这对小鹅接种至关重要。

③ 不同疫苗之间的干扰和接种时间的科学安排。

④ 所用疫苗毒（菌）株的血清型、亚型或株的选择。疫苗剂型的选择，例如活苗或灭活苗、湿苗或冻干苗、细胞结合型和非细胞结合疫苗之间的选择等。

⑤ 疫苗的出产国家、出产的厂家的选择；疫苗剂量和稀释量的确定；不同疫苗或同一种疫苗的不同接种途径的选择；某些疫苗的联合使用；同一种疫苗根据毒力先弱后强安排及同一种疫苗的先活苗后灭活油乳剂疫苗的安排。

⑥ 根据免疫监测结果及突发疾病的发生所作的必要修改和补充等。

3. 参考免疫程序（表）。

表　鹅的参考免疫程序

日龄	病名	疫苗	接种方法	剂量（毫升）
1	小鹅瘟	抗小鹅瘟病毒血清或精制抗体	肌肉或皮下注射	0.5
7	小鹅瘟	抗小鹅瘟病毒血清或精制抗体	肌肉或皮下注射	0.5（0.1）
14	鹅副黏病毒病	鹅副黏病毒蜂胶灭活疫苗	胸肌注射	0.3~0.5
20	禽流感	高致病性禽流感灭活疫苗	胸肌注射	0.5
25	鹅鸭瘟	鸭瘟弱毒疫苗	肌肉或皮下注射	0.5

日龄	病名	疫苗	接种方法	剂量（毫升）
30	禽霍乱、大肠杆菌	禽霍乱与大肠杆菌病多价蜂胶灭活疫苗	胸肌注射	0.5
60~70	鹅副黏病毒病	鹅副黏病毒蜂胶灭活疫苗	胸肌注射	0.5
	禽流感	高致病性禽流感灭活疫苗	胸肌注射	0.5
150~160	鹅副黏病毒病	鹅副黏病毒蜂胶灭活疫苗	胸肌注射	0.5
	禽流感	高致病性禽流感灭活疫苗	胸肌注射	0.5
	小鹅瘟	种鹅用小鹅瘟疫苗	胸肌注射	1
160	大肠杆菌	鹅蛋子瘟蜂胶灭活疫苗	胸肌注射	1
180	禽霍乱、大肠杆菌	禽霍乱与大肠杆菌病多价蜂胶灭活疫苗	胸肌注射	1~2
190	鹅副黏病毒病	鹅副黏病毒蜂胶灭活疫苗	胸肌注射	0.5
270~280	禽流感	高致病性禽流感灭活疫苗	胸肌注射	0.5
	小鹅瘟	种鹅用小鹅瘟疫苗	胸肌注射	1
	禽霍乱、大肠杆菌	禽霍乱与大肠杆菌病多价蜂胶灭活疫苗	胸肌注射	1~2
290	大肠杆菌	鹅蛋子瘟蜂胶灭活疫苗	胸肌注射	1
320				
360				

注：1. 对于有鹅新型病毒性肠炎的地区，1~3日龄可以使用抗雏鹅新型病毒性肠炎病毒—小鹅瘟二联高免血清或高免抗体1~1.5毫升皮下注射。种鹅亦可于160日龄用雏鹅新型病毒性肠炎病毒—小鹅瘟二联弱毒疫苗肌内注射，280~290日龄加强免疫一次；

2. 不同鹅品种开产日龄不同，因此，免疫时间应进行适当调整，应以开产的时间为准；

3. 商品仔鹅90日龄左右出栏，一般只进行30日龄前的免疫

第八章

鹅肥肝生产和活拔鹅羽技术

第一节　鹅肥肝生产技术

鹅肥肝是指对达到一定日龄、生长发育良好的肉用仔鹅，通过在短期内人工强制填饲大量的高能饲料——玉米，使其快速育肥，在体内及肝脏中大量沉积脂肪，从而形成一种比正常鹅肝大 5~6 倍，甚至 10 倍以上的特大脂肪肝。一般正常的鹅肝重 60~100 克，而鹅肥肝可达到 350~1 400 克，重者可达 1 800 克。

一、肥鹅肝的选择

（一）品种

品种对肥肝生产的效果起决定性作用。生产鹅肥肝应选择体形大、生长快、易育肥、胸身宽、颈短粗、耐填食、体质壮的品种。目前，我国应用于生产肥肝的最好品种有狮头鹅、溆浦鹅等。它们具备产肥肝的性能，还具有肝品质好、繁殖力高等特点。另外，用纯种来生产肥肝已逐渐被经济杂交的杂种鹅所替代。即以生产肥肝较好的品种为父本，以产蛋性能较好的品种为母本进行杂交，选择最佳的组合，利用杂交仔鹅生产肥肝。

（二）体重

体重在相当程度上反映着鹅机体的生长发育情况。一般来说，体重较小的鹅，发育年龄相对较短，机体生长发育要消耗的养分较多，养分能转为脂肪在肝脏中沉积的部分就较少。同时其胸腹腔容量、食道容量较小，能填饲料量少，且肝脏可增大的空间也小，生产的肥肝当然就较小。应该说明的是，不同的种质，鹅的生长发育规律不一样，填前体重以多大为好要根据具体情况而定。一般认为，大、中型品种体重 5 千克左右，小型品种宜在 3 千克以上。

（三）日龄

填饲鹅的日龄不仅与肥肝重量有关，而且直接影响屠体质量和生产成本。根据资料及试验测定，填饲鹅的日龄最好在 100 日龄，体重至少在 4 千克。日龄过小，育肥效果差；日龄过大，饲养成本高。

（四）性别

不同性别的肥肝生产性能差别不十分显著，公、母鹅均可填肥，公鹅稍好于母鹅，有条件的地方可多选用公鹅填饲。

二、填饲饲料的调制

（一）填饲饲料

玉米是生产肥肝的最好饲料。玉米含能量高，容易转化为脂肪积贮，玉米中胆碱含量低，含磷少，每千克玉米含胆碱 441 毫克，而燕麦为 958 毫克，大麦为 991 毫克，小麦为 1 205 毫克。胆碱有助于脂肪的转移，能预防脂肪在肝脏中的沉积。玉米胆碱含量低，对脂肪的保护性差，大量填饲玉米，就会在鹅肝中沉积，有利于肥肝的形成。

玉米的质量、色泽、含水量、纯度不同，对填饲效果有一定的影响。陈玉米含水量低，填饲效果好于新玉米。玉米颜色与肥肝颜色有关，通常填饲白玉米产粉红色肝，黄玉米产淡黄色肝。因此，填饲时以陈黄玉米为最佳。

（二）饲料加工调制

1. 填料调制

试验证明，用粒状玉米比粉状玉米填饲效果好。因为玉米粉碎后，粒间空隙多，体积大，影响填饲数量。生产中应选用颗粒玉米，玉米粒的加工调制方法有如下3种。

（1）干炒法。将玉米在铁锅内用文火不停翻炒，至粒色深黄，八成熟为宜，切记炒全熟、炒焦。炒好后装袋备用。填饲前用温水将炒好的玉米浸泡1~1.5小时，至玉米粒表皮展开为度。捞出，沥水，加入食盐、油脂、维生素，拌匀后即可填饲。

（2）焖煮法。先将玉米在冷水中浸泡2~3小时，倒入沸水锅内，焖煮15~20分钟，捞出，沥水，冷却至40℃左右，加入食盐、油脂、维生素，拌匀后即可填饲。

（3）浸泡法。将玉米粒置于冷水中浸泡8~12小时，捞出，沥水，加入食盐、油脂、维生素，拌匀后即可填饲。

用上述3种方法调制的填饲料作对比试验，结果以炒玉米组、焖煮玉米组效果较好。炒玉米比较费力，炒的火候较难掌握，目前，在生产中用得不多。根据多年实践，以焖煮法效果较好；用浸泡法虽加工方法简单，但填饲效果稍差。

2. 填饲饲料配方

下面介绍的填饲饲料配方，经多方实际填饲，效果较好，可供生产中参考。

干玉米96%，食盐1.4%~1.6%，油脂1.5%~2%，电解多维15克/100千克。

三、填饲技术要点

（一）填饲技术

生产鹅肥肝的全过程分为两个阶段，预饲期和填饲期。

1. 预饲期

预饲期通常为 7~15 天。预饲期主要做好以下工作：驱虫 1 次，注射禽霍乱疫苗，改喂精饲料，停喂青绿饲料。经 7~15 天预饲，即可进入填饲期。

2. 填饲期

填饲期为 3~4 周。日填饲量的多少直接关系到肥肝的重量和合格率。刚开始填饲时，日填饲量要少，第三天开始可增加，以后要尽可能地多填、填饱、填足。小型鹅的平均日填饲量为 500~650 克，大、中型鹅为 750~1 000 克，甚至更多。全期消耗玉米量，每只鹅 15~20 千克。适宜的填饲次数见表。

表　填饲的适宜次数

填饲日期	1~5 天	6~14 天	15~21 天
填饲次数	2~3 次	4~5 次	5~6 次

鹅填好后，精神愉快，展翅饮水，说明填饲正常。如果填得不好，就会将咽喉、食管插破，甚至将玉米粒落进气管，造成填鹅窒息死亡。所以，填饲时必须小心细致。在每次填饲前应先用手指伸进鹅的食管膨大部检查，如食管内已空无饲料，说明消化良好，可增加填饲量；如饲料在食管内积贮，说明上次填量过多，鹅消化不良，应少填些。

肥育成熟的鹅，因脂肪高度积贮，造成体态矮胖，腹部下垂，行动迟缓，步态蹒跚，眼睛无神，羽毛潮湿而零乱，呼吸急促，并出现积食与腹泻等消化不良的症状，这是肝已成熟的表现，应立即停填，及时屠宰。否则，由于进食少，消化不良，已经肥大的肝脏又会因营养消耗而变小。对肝未成熟、精神好、消化力强的鹅，可继续填饲几天，等成熟后再宰。

（二）填饲鹅的管理

填饲鹅应舍饲，采用竹笼离地饲养，便于捉、放填饲，减少填鹅运动消耗。竹笼 1.5 米（长）×1 米（宽）×0.9 米（高），离地

0.3 米。填饲舍光线应暗淡，冬暖夏凉，通气良好。应充足供给饮水，尽量避免惊扰。填饲后期管理要精细，轻捉轻放，防止肝脏破裂引起死亡。

填饲期最适宜的室温是 10~15℃，一般不超过 25℃，30℃以上应做好防暑降温工作，35℃以上不适宜填饲。

第二节　活拔鹅羽绒技术

活拔鹅毛绒，是指利用人工技术拔取活体鹅的毛绒，以生产毛绒为主要目的而饲养的鹅称为活拔毛绒鹅，简称绒鹅。活拔鹅毛绒技术，操作简单，不需添置设备、器械，只要多拔几次就可熟练掌握，便于在养鹅生产中推广应用。

一、影响羽绒数量和质量的因素

鹅羽绒的数量与质量，与许多因素有关。除了与其收取方法有关以外，还有下列一些主要因素。

（1）气候　羽绒主要起调节体温的作用，其数量与质量随季节的不同而不同，实质上就是因气候变化而变化。冬季鹅的羽绒数量较多，绒层较厚，含绒量较高，质量好。如果把冬季羽绒中纯绒含量作为 100，那么到夏季就减少到 60~80 了。

（2）品种　鹅的种类不同，羽绒的产量和质量也不同。一般来说，体型越大，产羽绒越多。白羽品种鹅羽绒的质量好于灰鹅品种。从出售价值来看，白色羽绒比灰色羽绒高 20% 左右。

（3）饲养管理　在水、草、料丰盛时，鹅体生长发育正常，羽绒数量多、质量好、富有光泽；营养不足时，羽绒失去光泽，数量减少，质量降低；当营养缺乏时会大量掉毛，尤其当饲料中缺乏维生素A 时，羽毛粗乱，易被水浸湿。棚舍不干净，草屑、灰沙、粪尿会污染羽绒，时间一长，羽毛顶端变成深黄色，这种毛叫做深黄头，质量明显下降。

（4）生长部位　不同部位的羽绒，其数量与质量也不同。据对12月龄皖西白鹅春季羽毛测试分析，在羽绒总重量中，胸部的占18.07%，腹部10.56%，背部24.37%，腿部4.68%，颈部12.82%，翅尾大羽29.50%。

二、活拔毛绒鹅的选择

与传统的羽绒收集方法相比，活拔鹅羽绒是一项极有推广价值的实用新技术，但并不是所有的鹅都可以用来活拔，不是什么时候都可以活拔，不是任何部位的绒羽都有必要活拔。事实上，活体拔毛一定要和当地的气候、养鹅的季节相结合，尽可能做到不影响产蛋、配种、健康，尽可能不影响或少影响鹅的生长发育，这是一个基本的前提。

（一）雏鹅、中鹅

由于羽毛尚未长齐，不能活拔羽绒。在羽毛已经长齐的鹅中，也不是每只鹅都能活拔。体弱多病的鹅，营养不良，拔出的毛常会带有肌肉、皮肤微块，影响羽绒质量，加之其适应性差，抵抗力弱，拔毛的刺激会加重病情，容易引起感染，甚至造成死亡。处于产蛋季节的母鹅，将要或已经消耗较多的营养，拔毛的刺激会降低其采食量，以后长毛又要消耗一部分营养，会使鹅营养不良，影响产蛋和种蛋的质量。据试验，拔毛后第一周，产蛋量会显著下降，不论拔毛多少，均减少1/3~2/3，直到2~4周仍未恢复；种蛋受精率也显著下降，未拔毛的对照组为90%，拔毛组仅为70%。正在换毛的鹅，活拔时极易拉破皮肤，血管毛也较多，含绒量少，无论是鹅绒质量还是胴体质量均较差。需要整只出口的肉鹅，因拔毛可能损伤皮肤，在屠体上留下斑痕，影响外观品质，不宜进行活拔羽绒。饲养5年以上的鹅，新陈代谢能力弱，毛绒再生能力差，毛绒量也少，不适于活拔。

值得注意的是，当今国内外市场上的羽绒制品，面料大都采用薄型、淡颜色（奶白、淡黄、米黄色），对填充羽绒的质量要求也越来越高。如果用优质的白色羽绒作为填充原料，就不会产生"印花"现象，保持着时装颜色的美观，因此，白色羽绒在市场上较为畅销，价格较贵，所以，活拔鹅毛绒最好选择白毛鹅，体重小的杂色鹅不宜作为活拔毛绒的对象。根据各地的生产经验，对下列几种健康鹅进行活拔羽绒，能取得较好的效果。

（二）休产、休配期白色种鹅

南方的种鹅5月左右陆续停产，要到10月初才开始产蛋。在这段休产期间，当地的饲草料条件仍然较好，可以进行活拔绒羽4~5次。北方的鹅种，停产休产期正值秋末枯草期，如能做好防寒供料工作，也可以适当拔毛。最后1次活拔的时间与开产的间隔，至少要有2个月以上，以便恢复体力，不影响繁殖。

（三）后备白色种鹅

早春孵出的雏鹅，到5~6月毛已长齐，留作后备要到10月初新毛长齐才开始产蛋，可以在换毛前开始拔毛，约可拔4次毛。

（四）生产肥肝的白毛鹅

肉用仔鹅放牧饲养到80~90日龄时，羽毛虽已长齐，但鹅体还未长足，还不能立即用于填肥生产肥肝，要再养1个多月，恰好可以活拔1次鹅毛，等新毛长齐后再填饲。如果这时恰值高温季节，不宜生产肥肝，也可以再连拔1或2次羽绒，等到秋凉以后新毛长齐再进行填肥。

（五）活拔鹅羽绒注意事项

冬季低温，拔毛会显著降低鹅调节体温的能力，同时外界水冷草枯，饲草饲料的质与量一般都不理想，一般不活拔羽绒。多雨湿度大、卫生状况不好时，也不宜拔毛。

活拔羽绒需要的是绒子和长度在 6 厘米以下的毛片，因为它们具有较高的经济价值。这两种羽绒主要集中在胸部、腹部、腿部、肩部、背部、尾根部、两肋，故而拔毛也就在这些部位。颈下部、翅膀下面，这两种羽绒也有一定的数量，也可以拔。其他部位的羽绒，含绒子、绒片较少或很少的一般不拔。活拔鹅毛绒的经济效益与拔毛量、含绒率有关。据分析，拔毛量与含绒量之间呈极显著负相关，故而拔毛时不能只求拔毛面积，应该在绒毛多的腹、侧面多拔，绒毛少的肩、背、颈处少拔，绒毛极少的腿脚与翅膀处不拔。另外，鹅翅膀上的羽毛和尾部的尾羽，主要是羽轴粗壮、羽毛硬直的"翅梗毛"（大羽），不能作高级填充料，只能作为羽毛球、羽毛扇的原料，价值不高，原则上不拔，种鹅的休产换毛期强制拔羽除外。

三、活拔鹅羽绒操作技术

    活拔鹅羽绒均是手工操作，因此，操作人员必须熟练掌握活拔羽绒的操作技术，以便减轻鹅的应激反应，提高活拔羽绒的质量。

（一）拔毛前的准备

1.人员准备

    活拔鹅毛虽是一项简单的手工操作，但对鹅来讲却是一种刺激因素，因此需有一定的技术和要求。在拔毛前，应培训初次参加操作人员，给他们讲清科学道理，解除顾虑。初次参加这一操作的人员，往往认为从活生生的鹅身上拔毛，太残忍，看到拔毛后的鹅光秃秃、红点点、摇晃晃，就不愿动手或下手不利。实际上，活体拔毛是根据禽类自然换羽习性和羽毛再生能力的生物学特性，从实践中总结出来的实用技术，这正是人们利用自然规律为自己服务的具体表现。

2.鹅体准备

    初次拔毛的鹅在拔毛前几天，要抽样检查。用手在鹅的胸部将羽毛翻起来，看毛根是否已经干枯，有无未成熟的毛血管。如果羽毛根部已干枯，皮肤中的一些毛血管刚刚显露，说明此鹅羽毛成熟，并将开始换毛，正是活拔羽绒的适宜时候。如果大部分毛根已干枯，一部分血管毛已经长出皮肤，说明这只鹅正在换毛，此时虽可拔毛，但产毛量与含绒率将有所下降。如果大部分羽毛为血管毛，说明旧毛已大部分脱落，新毛尚未长齐与成熟，不能拔毛。另外，在拔毛的前一天要停止喂食，只供给饮水。在拔毛的当天饮水也停止，以免在拔毛时鹅因受机械刺激，不时排出粪便污染拔下的毛绒及操作者的衣服。对羽毛不洁的鹅，在拔毛的前一天要让其在水内洗澡，或人工刷洗羽毛，去掉泥沙及污物，以获得更为干净、漂亮、高质的毛绒。检查时，将体弱有病、发育不良的鹅剔出来。拔毛前10分钟给每只初次进行人工拔毛的鹅灌10毫升的白酒（不能用酒精），能使毛囊扩张，皮肤松弛，既能使拔毛容易，又能减轻鹅的痛苦。凡生长3个月以上，体质比较健壮的鹅，无论公、母，都可活体拔毛。但最好是饲养1年以后的成年鹅，这时的鹅所拔取的毛绒量多、质好，拔毛后体质恢复得快。

3. 环境准备

拔毛要选择天气晴朗、温度适中的日子。选择避风向阳、不通风的房间，防止羽绒中的绒子随风飘失。地面应打扫干净，铺上一层干净的塑料薄膜或者旧报纸，避免羽绒被尘土污染。室外要准备好围鹅用的栏，把鹅群集中在一起，便于捉鹅。室内要准备好放鹅绒的容器，可用清洁的木桶、木箱，也可用硬纸板箱或塑料桶、盆等。容器最好深一些，可多放毛绒，又可避免飘散到外面来。还要准备一些塑料袋、细绳，以便集中装毛。操作人员坐的凳子、秤要酌情配备。消毒用的红药水、药棉应准备好，万一拔毛带破皮肤时，可及时涂上消毒。有条件的，能备工作衣裤和口罩最好。拔毛环境内的有关器物，要求整洁卫生，不勾毛带毛，不污染羽绒。

（二）拔毛方法

① 拔毛时，操作者坐在15~25厘米高的小凳子上，两腿夹住鹅的身体，一只手握住鹅的双翅和头，另一只手拔取绒毛。拔毛的部位很广泛，颈、胸、腹、两肋、肩、背等皆可，也就是说除头、双翅及

尾以外的其他部位都能拔取。以拇指、食指和中指捏住毛绒，用力要均匀，迅速快猛。所捏毛绒宁少勿多，一把一把有节奏地进行，以防撕破皮肤。手指要紧贴皮肤，捏住毛的基部，这样能拔出完整的毛片或毛绒，不致将毛拔断。

② 拔毛的方向。一般来说顺毛及逆毛拔均可，但背部和颈部最好是顺毛拔。因为鹅的毛绝大部分是倾斜生长的，沿顺毛方向拔不会损伤毛囊组织，有利于毛的再生。拔的顺序最好是先腹部，再两肋、胸、肩、背、颈等部位，切不可东拔一把，西拔一把，尽量把全身应拔部位的毛拔干净。拔毛的同时，随手将毛放在容器里。

③ 第一次拔毛时，鹅的毛孔较紧，比较费劲，需要的时间多，但以后再拔毛孔就松弛了，拔起来就容易了。一般来说，初学者拔完一只鹅需要十几分钟的时间，技术熟练者几分钟即可拔完。拔下的毛绒应放在一个干净的盆内，然后装入塑料袋中。装袋时要注意保持羽绒的自然状态和弹性，不要强压或揉擦，以免影响毛的质量，降低售价。

④ 在操作过程中，如果不小心把皮肤拔破，用紫药水或碘酊涂擦一下即可。当拔除的部位较大、伤口较深时，为防止感染，涂完药后，应单独在室内饲养一段时间再放牧。只要认真操作，拔破皮肤的现象完全可以避免。鹅的抵抗能力和羽毛的再生能力都比较强，在皮肤有点破损时对其正常生长无不良影响。

（三）活拔羽绒时间与次数

1. 活拔羽绒时间

毛绒开拔的时间应在鹅体各器官发育成熟时进行。雏鹅 3 月龄之后才能拔毛，此时翅膀羽毛全部长齐并拢，全身绒毛丰满密被。鹅的寿命较长，有的可以存活十几年。5~6 年内是活拔毛的黄金时期。5~6 年以后，由于机体逐渐老化，新陈代谢能力降低，毛绒再生能力差，毛绒减少，毛质降低，即使拔除，经济效益也不高。鹅一年四季均可拔毛，但夏季最好，气候适宜，鹅又停产。春、秋季节正是产蛋季，拔毛影响产蛋量。冬季寒冷，没有保温条件的不能拔毛。试验证明，在 0℃左右，无保温条件情况下，拔后 35 天鹅照常长出完满的羽毛。低于 10℃，对羽毛生长不利。若加保温设施，如大棚、火炉等，冬季也可拔毛。

2. 活拔羽绒次数

一般拔毛后 7 天就开始长出小毛绒，35~40 天生长完全，50~60天羽毛生长完毕，全身布满丰厚的羽毛，所以 50 天为一个拔毛周期。1 只种鹅利用换羽休产期，1 年可拔毛 3 次。常年用来拔毛的，1年 1 只鹅可拔 7 或 8 次，但这种情况不多。每次的拔毛量，大型鹅每次可拔 80~100 克，小型鹅 45~60 克。片毛尽量少拔，因为价格低廉，鹅消耗营养又多。饲养中应随时观察鹅羽毛的生长情况，根据情况决定拔毛间隔的时间。饲养管理好的，羽毛生长快，可以缩短拔毛周期，否则，就相应要长些。

掌握了拔毛的时间和羽毛生长规律，就可以做到常年养鹅，定期拔毛了。尤其是种鹅的保种成本可大大降低，这对于充分利用鹅的产蛋年限优势，发挥优秀种鹅的种用价值，获得较多的优秀后代，更快开展选种选配工作，很有积极意义。

（四）拔毛中出现的问题及处理方法

1. 毛片大，难拔

拔毛时，遇到具有较大的毛片不好拔时，可以采用以下办法，一是对能避开的毛片，可避开不拔，只拔绒朵；当毛片不好避开时，可将其剪断，然后再拔，剪毛片时 1 次只能剪去 1 根，用剪尖从毛片根部皮肤处剪断，注意不要剪破皮肤和剪断绒朵。有时在拔取毛根部带有肉质时，拔取的动作应立即放慢一些，耐心细致地拔。

2. 毛绒根部带肉

健康的鹅拔毛时羽绒根部不会带肉质，如遇到少许毛绒根部带肉质，拔取时动作可以稍慢，每次抓拔的根数要少些，耐心细致地拔。如果大部分毛绒都带肉质，表明这只鹅营养不良，应暂停拔毛，待喂养育肥后再拔。

3. 脱肛

由于拔毛绒操作的强烈刺激，有的会出现脱肛现象。一般不需任何处理，过 1~2 天就能自然收缩恢复正常。也可采用 0.2% 的高锰酸钾液冲洗肛门，以防肛门溃烂。

4.精神不振

拔毛后鹅有不食不饮、走路提腿、摇摇晃晃、喜站等状况，均属正常，一般经 1~2 天自然消失。至于有个别鹅打蔫不喜食，是因拔毛时受到刺激较大，体温升高，过两三天就能恢复正常。拔毛后 3 天内应关在圈舍中饲养，不让鹅下水洗浴、淋雨或暴晒，以免着凉引发疾病。拔取毛绒后 5~7 天可以下水活动，但个别鹅皮肤伤破较多，应适当延长室内饲喂时间，等伤口基本长好后再下水。因为鹅是水禽，拔毛绒后，下水与不下水情况大不一样，常下水活动的鹅，绒毛重新生长快，洁白有光泽。不常下水的鹅绒毛生长慢，光泽也差一些。

5.伤皮和出血

在拔毛过程中，如果不小心把皮肤拔破，用紫药水涂抹一下即可。流一点血不要紧，等拔完所有的毛绒后，在伤口上涂少许紫药水可照常饲养。如果皮肤损伤严重，为防止感染，涂药水后先在室内饲养一段时间再放牧，由于鹅抗病能力和再生能力都比较强，一般破点皮对其正常生长没有不良影响。如果伤口大，则要缝合，作抗菌处理，并养在室内一段时间才可放牧。鹅体温较高，通常在 41~42℃，所以拔毛后体表一般不易被细菌感染。

四、鹅活拔羽绒后的饲养管理

活体拔毛对鹅来说是一个比较大的外界刺激因素，鹅的精神状态和生理机能均会因之而发生一定的变化。一般精神委顿（俗称"发蔫"），活动减少，喜站不愿卧，行走时摇摇晃晃，胆小怕人，翅膀下垂，食欲减退，有的鹅甚至表现体温升高、脱肛等。一般情况下，上述反应在第二天可见好转，第三天就基本恢复正常，通常不会引起疾病或死亡。但经过活拔羽绒，鹅体失去了一部分体表组织，对外部环境的适应能力和抵抗力均有所下降。这时，如果不加强饲养管理，不给鹅只创造一个适宜的生活环境，它就会被淘汰。因此，为保证鹅的

健康，使其尽早恢复羽毛生长，应加强拔毛后的饲养管理。

1. 创造一个适宜的生活环境

应将被拔去羽绒的鹅只放入舍内或屋内。舍内应保暖不透风，地面应平坦、干燥，并铺上新鲜干草。活拔羽绒后 5~7 天均应在舍内活动。如果是冬季，圈舍应盖塑料布保暖或供热 3~5 天。

2. 防止烈日照射和下水

拔完毛的鹅全身皮肤裸露，3 天内不要在强烈的阳光下放养，应在干燥温暖、清洁、地面铺以干净垫草的舍内饲养或舍附近放牧。3~7 天不要下水游泳和淋雨，放牧时不在水源附近，防止透进水，使毛囊感染细菌而发病。夏季拔完毛后的 1~3 天还要防止蚊虫叮咬。

3. 加强营养

拔取羽绒后，鹅体不仅需要维持体温和各器官所需的营养，还需提供较充足的营养供羽绒的生长发育，所以，应加强鹅的营养，适当多喂给精饲料，给足所需氨基酸。拔羽绒后 1~7 天，每天饲喂 100~150 克混合精料。混合精料应该有豆饼、麸皮、玉米面、高粱粉、鱼粉、骨粉、羽毛粉等，以增加蛋白质和能量供给，促进羽绒生长发育。下列配方可供参考，玉米 33%，麦麸 30%，稻糠 13%，豆粕 15%，鱼粉 5%，羽毛粉 3%，微量元素 0.5%，食盐 0.5%。每只每天 130~180 克。此外，还应有些青绿饲料。7 天以后减少精料，增加粗饲料，多给青绿饲料。如果放牧，一定要去牧草丰盛的地方，让鹅吃好，另外应给予补饲。

4. 精心管理

活拔羽绒后要注意观察鹅的状态，以便采取相应措施。鹅在拔取羽绒后有不同的形态表现，如出现摇晃、长时间站立而不卧、食欲不振等，这种现象是鹅只的正常应激反应，属正常现象，只要有适宜的环境及合理的营养，1~2 天就可转好。如果拔羽后鹅只摆头、鼻孔甩水、不食，甚至不喝水，这是感冒症状，说明舍温低，应采取措施，并进行治疗。拔取羽绒后，如果拔破皮肤，应上药防止感染。

五、鹅羽绒的储藏

（一）鹅羽绒的储藏

拔下的鹅羽绒不能马上售出时，要暂时储藏起来。由于鹅毛保温性能好，不易散失热量，如果储存不当，容易发生结块、虫蛀、霉烂变质，影响毛的质量，降低售价。尤其是白鹅毛，一旦受潮，更易发热，使毛色变黄。因此，必须认真做好鹅羽绒的储藏工作。

（二）防潮、防霉

羽毛保温性能很强，受潮后不易散潮和散热，在储藏和运输过程中，易受潮结块霉变，轻者有霉味，失去光泽，发乌、发黄，严重者羽枝脱落，羽轴糟朽，用手一捻就成粉末。特别是烫腿的湿毛，未经晾干或与干湿程度不同的羽毛混装在一起，有的晾晒不均或冰冻后未及时烘干，或存毛场潮湿，遮雨不严，遭受雨淋漏湿等，均易造成霉变。一定要及时晾晒，干透以后再装包存放。存放毛的库房，地面要用木杆垫起来，地面经常撒新鲜石灰，有助于吸水。通风要良好，排出潮气。

（三）防热、防虫

羽毛散热能力差，加上毛梗中含有血质、脂肪以及皮屑等，容易遭受虫蛀。常见的害虫有丝肉黑褐鲤节虫、麦标本虫、飞蛾虫等。它们在羽毛中繁殖快，危害大。可在包装袋上撒上杀虫药水。每到夏季，库房内要用敌敌畏蒸汽杀灭害虫和飞蛾，每月熏一次。

六、鹅羽绒的加工

对拔下的羽毛进行简单加工，有利于安全储存，保证毛的质量，提高售价。为此，可将拔下的鹅毛先用温水洗涤 1~2 次，洗去尘土或其他杂质，在草席、薄膜上或筛子里摊薄晾干，有风时要用纱布罩

上，防止被风吹散、飘失。晒干后用细布袋装好扎好，放置在通风干燥的地方，以备出售或进一步加工。

（一）洗涤

用60~70℃的温热肥皂水或洗衣粉水洗涤，除脂去污，再用清水冲洗干净。洗涤冲洗时，不能过分搓拧，洗后用细布袋包装扎口，可放入甩干机内甩干，然后放在通风处或挂在通风处晾干。

（二）消毒

将晾干的羽绒，用细布袋包装扎口，放入蒸锅或高压锅内蒸30分钟，以达到灭菌目的。或在洗涤时，用无味灭菌消毒剂，或新洁尔灭、百毒杀等浸泡消毒5~10分钟，晾干即可用。

（三）使用

如做絮被填料，一般以3份毛片与7份绒混合；做絮枕头等填料，以7份毛片与3份绒混合；做絮羽绒服，则多为纯绒，因为绒的保温、御寒能力远远超过毛片，且质地松软，弹性好。

参考文献

［1］许小琴，王志跃，杨海明．生态养鹅．北京：中国农业出版社，2012．

［2］陈国宏，王永坤．科学养鹅与疾病防治．北京：中国农业出版社，2011．

［3］陈耀王．快速养鹅与鹅肥肝生产．北京：科学技术文献出版社，2001．

［4］王桂柱．动物产地检疫．北京：金盾出版社，2007．

［5］张洪让，王玉顺．畜禽防疫检疫操作技术．北京：学苑出版社，2008．